【典藏】
厦门文史丛书

中国人民政治协商会议
福建省厦门市委员会 编

洪卜仁 主编

厦门气象今昔

厦门大学出版社

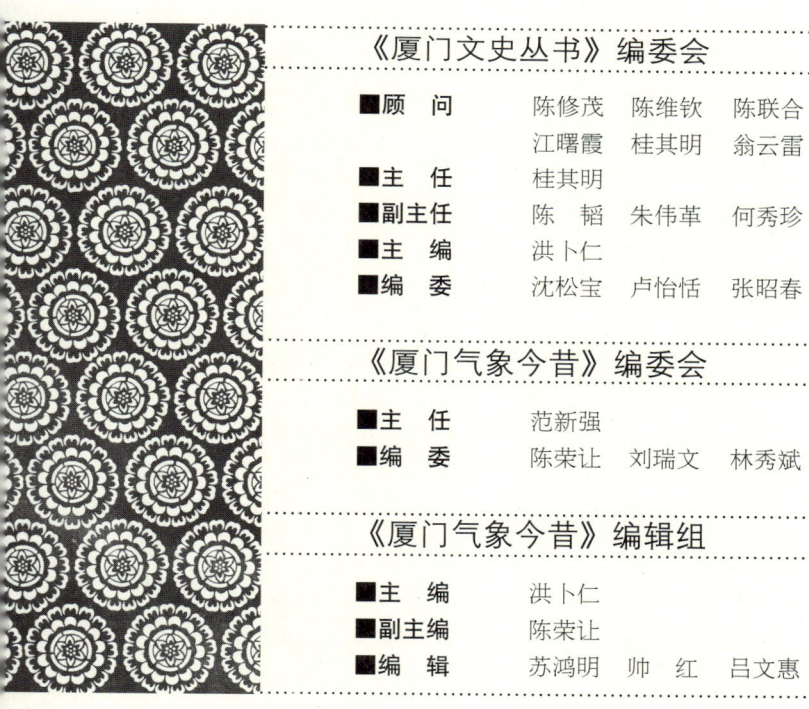

《厦门文史丛书》编委会

- ■顾　问　　陈修茂　陈维钦　陈联合　陈耀中　庄　威
　　　　　　　江曙霞　桂其明　翁云雷
- ■主　任　　桂其明
- ■副主任　　陈　韬　朱伟革　何秀珍　钱培青
- ■主　编　　洪卜仁
- ■编　委　　沈松宝　卢怡恬　张昭春

《厦门气象今昔》编委会

- ■主　任　　范新强
- ■编　委　　陈荣让　刘瑞文　林秀斌

《厦门气象今昔》编辑组

- ■主　编　　洪卜仁
- ■副主编　　陈荣让
- ■编　辑　　苏鸿明　帅　红　吕文惠　苏明峰　张立多

【序言】

　　"好雨知时节,当春乃发生。"古往今来,人们总是由衷地赞美春天。因为她充满生机和憧憬,带来的不仅仅是播种的怡悦,还常常伴随着收获的希冀。

　　在万木复苏、百花盛开、姹紫嫣红、春回大地的日子里,参加厦门市政协十一届一次全会的全体新老政协委员,就是怀着一种播种与收获交织、怡悦与希冀并行的激情,迎来了2007年新春的第一份礼物。根据本届市政协主席会议的研究决定,由厦门市政协与我市文史工作者合作共同推出的《厦门文史丛书》"第一方阵"——《厦门名人故居》、《厦门电影百年》、《厦门史地丛谈》、《厦门音乐名家》等四种政协文史资料读物终于如期与大家见面了!

　　这无论在厦门政协文史资料发展历史上、还是在我市先进文化建设进程中,都是可圈可点、很有意义的一件喜事。为此,我首先代表厦门市政协,向直接、间接参与这套"丛书"的组织、策划、编撰、编辑、出版和宣传工作而付出辛勤劳动的有关领导、专家、学者及工作人员,向为此提供宝贵支持的社会各界和热心人,表示衷心的感谢,并致以新春佳节最美好的祝愿!

　　众所周知,文史资料历来就受到人们的重视和青睐。因为通过它,人们不仅可以自由地超越时空,便捷可靠地了解到一个区域(通常是一个城市)古往今来的进步发展情况,真实形象地感受到这里丰富多彩的文化历史现象,满足自己的求知欲和审美情趣,而且还可以发现许多具有现实意义和参考价值的吉光片羽，并从中汲取激励自己积极向上、奋发有为的养分和力量。

通过文史资料，我们知道：厦门这块热土有着丰富而厚重的历史积淀和文化内涵。迄今四五千年前的新石器时代，厦门岛上就有早期人类生活的遗迹。大概一千二三百年前的唐代中叶，中原汉族就辗转迁徙前来厦门，在岛上拓荒垦殖、繁衍生息。宋元时期，中央政府开始在厦门驻军设防。明朝初年，为了防御倭寇侵犯，在厦门设置永宁卫中、左二所，洪武二十七年（1394年）又在此兴建城堡，命名厦门城。从此，"厦门"的名字正式出现在祖国的版图上，并随着城市的进步发展、知名度的不断提高而逐渐蜚声海内外。今天的厦门，早已不是当年偏僻荒凉的海岛小渔村，而是国内外出名的经济特区、现代化国际性港口风景旅游城市。

通过文史资料，我们还知道：千百年来，依托厦门这方独特的历史舞台，勤劳勇敢、聪明善良的厦门人民，在改造自然与社会、追求进步与发展、争取生存与自由、向往幸福与独立的伟大进程中，谱写了一曲曲感天动地的赞歌，创造了一个个令人惊叹的奇迹，同时也涌现了一批批彪炳青史的俊彦。如以厦门为基地，在当地子弟兵的支持下，民族英雄郑成功完成了跨海东征、收复台湾的辉煌壮举；在其前后，有发明创造"水运仪象台"，被誉为"中国古代和中世纪最伟大的博物学家、科学家之一"的苏颂；有忠勇爱民、抗击外敌，不惜以死殉国的抗英爱国将领陈化成；有爱国爱乡、倾资办学，不愧为"华侨旗帜、民族光辉"的著名侨领陈嘉庚；有国家领导人方毅、叶飞，一代名医林巧稚、著名科学家卢嘉锡等等。他们的传奇人生、奋斗业绩所折射出的革命传统、斗争精神、民族气节、高尚情操和优秀秉性，经过后人总结升华并赋予时代精神，已成为厦门人民弥足珍惜、继承光大的精神财富，正激励着一代代的厦门儿女为建设小康社会而奋斗！

春风化雨，任重道远。通过文史资料，我们更是知道：改革开放以来，在中国共产党的正确领导下，依靠广大人民群众的聪明才智，在短短的二十多年里，我们的家乡厦门发生了翻天覆地的巨变。这种代表先进生产力的发展要求、代表先进文化的前进方向、代表广大人民群众根本利益的历史性巨变，不仅体现在城市建设、经济发展、生活改善、社会进步等方面，还突出表现在广大人民群众思想观念、道德情操、精神面貌、文明素质等方面所发生的深刻变化。

追根溯源，可以明志兴业。利用人民政协社会联系面广、专业人才荟萃、智力资源集中的优势，通过编撰出版地方文史资料，充分发挥政协文史资料"团结、育人、存史、资政"的功能，这本身就是人民政协履行职能的重要方式之一。值此四种文史资料的诞生象征"丛书"的滥觞起，在充分肯定厦门发生的历史巨变而倍感自豪的同时，我们要一如既往地认真学习贯彻中共中央总书记胡锦涛在视察福建、厦门海沧台商投资区的重要讲话精神，学习贯彻中共中央政治局常委、全国政协主席贾庆林在纪念厦门经济特区25周年大会上的重要讲话精神，在致力于厦门经济特区经济建设、政治建设、社会建设的同时，从加强特区先进文化建设的高度，进一步加强政协文史工作，充分发挥政协文史资料的功能，以《厦门文史丛书》的启动为契机，严肃认真、兢兢业业地继续做好这项有意义的工作，以不负时代的重托。

我相信，有我市各级政协组织和委员、政协各参加单位的重视参与，有社会各界的支持帮助，有多年来积累的成功经验和有效做法，特别是有一支经受考验锻炼、与海内外各界联系广泛、治学严谨的地方文史专家队伍，只要我们认准目标、锲而不舍，与气势如虹的我市新一轮跨越式发展相称，与方兴未艾的海峡西岸经济区建设呼应，作为一项"功在当代、利在千秋"的重要事业，我市政协文史资料工作一定会取得长足进步，推出更多精品，发挥更大的作用！

城市历史文化，从来是反映城市前进发展中经验与教训的真实记录，是人们在改造自然与社会、创造"三个文明"的历史进程中所留下的重要印记、所提炼的不朽灵魂。以履行政协职能为宗旨，以政协编辑出版的地方文史资料为载体，通过有选择、有重点地记录、反映一座城市（或者相关的一个区域）的历史文化，自觉为建设中国特色社会主义服务，为科学发展服务，为构建和谐文化、和谐社会服务，为祖国统一大业服务，为中华民族的伟大复兴服务。这正是政协文史工作及其相关的文史资料的长处和作用，也是它区别于一般地方文史资料最重要的特色和优势。

也正是基于这种考虑和共识，在厦门市政协党组的高度重视和倾力支持下，市政协文史和学习宣传委员会认真总结近年来编纂出版地方政协文史资料的成功经验，在市委、市政府有关部门，我市有关社会机构和各界人士的帮助下，组织了我市一批有眼光、有经验、有热情、有学识的地方文史专家和专业工作者，经过深思熟虑、反复论证，决定与国家"十一五"计划同步，从2006年起，采取"量力而行、每年数册"的方针，利用数年时间，出齐一套大型地方历史文献《厦门文史丛书》。

编辑出版这套"丛书"的目的是，本着"古为今用"的原则，在批判继承前人的基础上，努力挖掘、整理、利用厦门地方历史文化渊薮中有益、有用、健康、进步的或者具有借鉴、警示意义的文史资料，直接为现实服务：为地方历史文物的保护工作服务；为地方文史资料的大众普及和学术研究工作服务；为发挥政协文史资料"团结、育人、存史、资政"的作用服务；为人民政协事业服务；为统一战线工作服务；为遍布海内外，通过寻根问祖，关心了解祖国和家乡过去、现在、将来的厦门籍乡亲服务；为主张两岸交流，反对"台独"阴谋、认同"一个中国"，心系祖国统一大业的炎黄子孙服务；为提高人民群众、尤其是青少年的科学文化素质、道德文明修养，培养"四有"公民，建设学习型、创新型社会，推动厦门经济特区建设实现"更好更快"发展的新目标提供方向保证、智力支持和精神动力服务。

编辑出版这套"丛书"的方针是，不求全责备、面面俱到，只求真实准确、形象生动。即经过文史专家的爬梳剔抉、斟酌考证，尽量选取第一手的"原生态"史料，从本市及其邻近相关区域中所传承积淀下来的文化历史切入，以厦门市为重心、适当延伸至闽南地区，以近现代为主、当代为辅，以厦门城市发展进程中具有典型性、代表性的人物事件为对象，通过"由近及远、由表及里、标本兼顾、源流并述"的方式，尽可能采取可读性强的写法、并辅之于可以说明问题的历史照片或画面，进行客观而传神的艺术再现。

我在本文的开头特别提到，春天是充满希望与憧憬的时节。反复揣摩案头上还散发着阵阵醉人的油墨芳香近日问世的四种政协文史资料读物，欣喜之余，我想到，虽然这仅仅只是成功的开篇，今后几年里厦门政协文史工作要取得预期的成果，顺利出齐《厦门文史丛书》全部读物的任务还相当繁重，但我坚信，只要我们坚持人民政协"团结、民主"的主题，相信和依靠大家的智慧力量，始终秉持春天一样的热情与锐气，始终把希望和憧憬作为自己前进的目标、动力，一如既往地追求奋斗，我们的事业将永远充满阳光、和谐！

是为序。

陈修茂

（作者系厦门市政协党组书记、主席）
2007年2月28日

【前言】

　　地球上自有人类社会以来,在生存和生产活动中就受到自然界各方面的影响、支配和约束,天气条件是其中一个重要方面。人类进步、社会发展的历史,实际是人类不断与大自然恶劣环境及气象灾害抗争的进程,是人类逐步认识自然并不断深化的进程,是人类不断调整自身生存方式以适应大自然的进程。生活在闽东南沿海美丽土地上,勤劳、智慧的厦门人,同样在默默、苦苦地探寻人与大自然和谐相处(即"天时地利人和")的规律。

　　早在中华民族的形成初期(即黄帝时期),先人们就高度重视天气、气候对农业及人类社会活动的影响(包括利用气象条件征战、争霸)。《史记·历书·索隐》:"黄帝使羲和占日,常仪占月,臾区占星气,伶伦造律吕,大桡作甲子,隶首作算数,容成综此六术而著调历也。"其大意即黄帝命羲和、常仪、臾区、容成等观测星象、天象,研究天文气象,制订历法。

　　厦门(包括原同安县)气象灾害的记载悠久,据所掌握的文献表明:最早是唐朝贞观二十一年(647年)八月,大风,海溢(见于《同安县志》和《厦门志》)。宋、元、明三个朝代的厦门气象活动,见于《闽书·方域志》载:"豪山山巅有龙潭,天将雨,龙击生如钟磬……山麓故有祠,雨祷辄应。"朱熹、真德秀等曾来此祈雨。《同安县志》载:宋淳熙十一年(1184年),春夏大旱,县令郑公显到豪山龙潭祈雨,不久果真"雷雨交作",有人即在大石上镌刻"祈雨道场"四字。

　　由于特殊的地理位置及西方列强入侵中国沿海门户,厦门成为我国较早开展近代气象业务的港口城市之一。早在清康熙二十二年(1683年),中国沿海原有海关已建立灯塔和测候所。厦门于1843年被辟为通商口岸,随后在厦门口外的东碇岛、青屿、北碇岛建设海关灯塔等设施并设立导航机构，负责引导海上船只安全航行、兼做气象观测、为航船提供气象情报。从此，近代气象工作在厦门诞生。

1880年，中国海关测候所在厦门建站。其后，同安盐场因晒取海盐而开展气象观测；厦门大学、集美航海学校因教学需要先后建立气象台，并成为我国较早开展气象职业教育的中高级学校。抗战后期，日本人在厦门因建高崎机场开展气象观测。

新中国成立后，厦门建立国家统一布局的气象机构。厦门气象事业逐渐步入组织正规、机构稳定、布局（台站）合理、队伍专业、业务规范、管理科学和业务、技术装备等基础设施逐步现代化的新时代。新世纪以来，厦门气象事业取得跨越式发展。

进入21世纪，气候异常、全球变暖、极端天气、气象灾害等，成为各国政要、普通民众和报刊、电视、网络等各类媒体常见的词语。应对气候变化和防御极端气象灾害，已是当今世界必须共同面对的最重大、最严峻的挑战之一。我国政府明确把气象事业定位为科技型、基础性的社会公益事业，气象事业对国家安全、社会进步具有重要的基础性作用，对经济发展具有很强的现实性作用，对可持续发展具有深远的前瞻性作用等日趋凸显，"公共气象、资源气象、安全气象"已成为新世纪中国气象事业的战略部署和发展理念。在社会各界的关心、支持下，厦门气象事业特别是公共气象事业得到迅猛发展。

目前，频繁发生的自然灾害严重制约人类社会和经济可持续发展，气象灾害是最大"元凶"（自然灾害总量的70%左右由气象灾害构成）；同时，由气象灾害引发或衍生的其他灾害，如山洪灾害、地质灾害、海洋灾害、生物灾害、森林火灾等，都对国家经济建设、人民生命财产安全构成极大威胁。厦门地处东南沿海，每年受台风、暴雨、干旱、高温热浪、海雾、雷电等重大气象灾害影响和地质灾害、海洋灾害等威胁。

随着经济全球化、城市化快速发展以及人类活动的影响，全球气候变化加剧，导致海平面提升，使热带气旋形成强台风概率增大，导致高温、干旱增多和空气质量下滑，已对厦门经济社会发展造成影响，如近年来灰霾天气明显增多，能见度降低，影响交通安全、人体健康和城市形象。灰霾天气，已经成为新的城市气象灾害之一。中共厦门市委、市人大、市政府、市政协对气象工作历年来高度重视，特别是近年来全社会在应对气候变化和防御气象灾害的关注、重视程度和支持力度明显提升，广大人民群众的避险意识和防灾知识明显提高。全社会围绕以人为本、关注民生的气象防灾减灾理念更加坚定，科学发展、社会和谐的气象防灾减灾意识更加深入，科学防灾、综合减灾的气象防灾减灾原则和现代化气象业务基础建设明显强化，气象灾害的监测预报预警和防御能力、防灾减灾的综合效益大大提高。

基于厦门悠久、丰富的气象活动（包括气象灾害记录、民间气象谚语等）史实，特别是当前经济社会发展和人民生活水平提高对气象工作的需求更加紧迫、深刻、敏感、广泛，气象工作的服务领域越来越宽，气象工作在经济社会发展全局中的地位越来越重要，社会各方面对气象工作的期望值和要求越来越高，正如国务院副总理回良玉所概括的"气象工作从来没有像今天这样受到各级党政领导的高度重视，从来没有像今天这样受到社会各界的高度关切，从来没有像今天这样受到广大人民群众的高度关心，从来没有像今天这样受到国际社会的高度关注"。因此，有必要抚今追昔，有必要挖掘和抢救宝贵的气象历史资料，有必要认真总结历史经验、探索气象工作的科学发展规律。我们在厦门市政协的关怀和支持下，组织力量编写《厦门气象今昔》，表明我们将永远铭记：党和政府给予气象事业最大的支持，各有关部门给予气象部门最大的帮助，人民群众给予气象工作最大的理解。只有深深植根于党和国家的宏伟大业，融合于实现中华民族伟大复兴的历史进程，服务于经济社会发展和人民安全福祉的全过程，气象事业才能生机勃勃并富有顽强的生命力。

国务院总理温家宝于2009年12月11日视察中国气象局并强调："气象事业是科技型基础性的社会公益事业，在我国经济社会发展全局中占有重要地位。气象工作非常重要，关系国计民生；气象工作非常艰苦，需要持之以恒的精神；气象工作非常光荣，是一项令人尊敬的事业。加快气象事业发展对于防灾减灾，应对全球气候变化，实现经济社会可持续发展十分重要而迫切。我们要增强做好气象工作的使命感，推动气象事业更好更快发展。各级政府和有关部门要大力支持气象事业的发展。"温家宝总理指出："要坚持公共气象的发展方向，把提高气象服务水平放在首位，大力推进气象科技创新，加强一流装备、一流技术、一流人才、一流台站建设，构建整体实力雄厚、具有世界先进水平的气象现代化体系，为经济社会发展、人民生活和国家安全提供一流的气象服务。"

当前，中国特色社会主义气象事业已站在新的历史起点。在前进道路上，面临着难得的机遇，也面临着严峻的挑战。面对日益增长的新需求，面对科学技术发展的挑战，面对全球气候变化导致的极端天气气候事件增多增强的复杂局面，厦门气象工作将更加突出并勇敢肩负防御和减轻气象灾害、适应和减缓气候变化、开发和利用气候资源的历史使命，按照中国气象局部署和要求，紧紧围绕厦门市经济建设和社会发展这个中心，深入贯彻落实科学发展观，服务大局，改革创新，加倍努力，奋发图强！进一步强化和坚持气象工作面向民生、面向生产、面向决策，进一步提高灾害性天气监测预报的准确性、气象灾害预警的时效性、气象服务的主动性、防范应对的科学性，为全面建设小康社会、应对全球气候变化、促进可持续发展作出更大的贡献！

厦门市气象局局长　范新强

2009年12月20日

| 厦 | 门 | 气 | 象 | 今 | 昔 |

目录

◎ **序言**/陈修茂
◎ **前言**/范新强

厦门气候

气候概况 / 1
气候要素 / 3
厦门主要天气气候灾害 / 8
厦门主要地质气象灾害 / 21
厦门气象之最 / 24
闽南气象谚语 / 27
近五十年气候变化事实与影响 / 36

气象业务

改革开放30年气象现代化回顾 / 43
厦门气象现代化业务体系——大气探测 / 49
厦门气象现代化业务体系——气象通讯 / 56
厦门气象现代化业务体系——气象信息加工与预报服务 / 60
厦门气象现代化业务体系——气候预测与评估 / 63
厦门气象现代化业务体系——气候变化业务 / 65
地质气象业务 / 67
厦门农业气象 / 69

厦门盐业气象 / 83
人工影响天气 / 86
空气污染气象业务 / 89

气象服务

公共气象服务 / 93
防雷事业 / 95
气象影视 / 102
气象服务海峡两岸 / 109
气象科普基地 / 112
农村气象哨 / 116
航空气象 / 118
海洋气象 / 122
敏感行业气象 / 124

气象灾害公共管理与气候变化社会应对

厦门气象灾害防御体系建设 / 133
厦门气象灾害应急管理 / 135
市委市政府应对气候变化 / 149
社会各界关注和参与应对气候变化 / 150

组织管理

明末清初民间的气象工作 / 152
厦门建立的气象机构 / 154
新中国成立后气象事业的发展 / 158
重大事件 / 168
获奖与荣誉 / 173

万千气象撷英

《飓风歌》和《厦门大风望海即事》 / 176
厦门降雪的历史记载 / 177
旧报章的厦门台风报道 / 178

鼓浪屿建筑的气象特点 / 182
观"三象" 识天气 / 183
民国时期的厦门气象月刊 / 186
天气占验 / 186
战台风回忆录 / 188
厦门景点与气象——鸿山织雨 / 190
厦门景点与气象——五老凌霄 / 191
厦门景点与气象渊源之三——龙潭祈雨与观云测雨 / 191
厦门气象主题公园 / 194
同安东界村有——明代雷公雷母石刻肖像 / 196
中高等院校气象教育 / 196
康熙年间澎湖海战促台回归与气象应用 / 199
厦门气象开拓者——杨昌业、林永章等 / 203
气象"局校合作" / 204

附录一：历年气象灾害大事记

旱灾 / 207
台风 / 210
雷暴大风、冰雹、强降雨、洪涝等 / 219
雷灾 / 224
大雾 / 225
冻害 / 226

附录二：厦门气象起源与气象机构

厦门气象起源 / 228
厦门气象机构 / 230

后记 / 236

厦门气候

气候概况

　　厦门地处台湾海峡南部、福建南部的九龙江入海处，是福建沿海岛屿之一，是紧贴大陆边缘的海岛，东南面向海洋，西北背靠大陆，在北回归线偏北约1°；属于南亚热带海洋性季风气候，是亚热带中的最南地带，为热带向温带过渡带，因而也具有热带气候的某些特征。

　　厦门受海洋影响较为显著，气温年较差、日较差小，秋温高于春温，湿度大，具有海洋性气候特征。冬季蒙古高压控制中国大陆，中国大陆东部盛行偏北风；夏季西太平洋副热带高压北抬西伸，中国大陆东部盛行偏南风。因而厦门冬季主吹偏北风，夏季主吹偏南风，具有季风性气候特征。

　　厦门夏无酷暑，冬无严寒，全年几乎无霜期；春夏锋面雨连绵，夏秋雷雨又台风，雨日不多日照长，干湿变化亦宜人；全年多风且较大，冬季偏北风而干冷，夏季偏南风而暖湿，盛夏午后至午夜海风劲吹暑气减。

　　根据厦门市的气温、降雨等气候特征，可将厦门气候季节划分为：春雨季（3—4月）、梅雨季（5—6月）、台风季（7—9月）、秋季（10—11月）和冬季（12—2月）。

　　春雨季是冬季向夏季过渡季节，气温开始上升，雨水增多。南方暖湿的海洋气团与北方较干冷的变性极地大陆气团在华南地区相互交绥，相互消长，所以天气多变，忽冷忽热，忽阴忽晴。当冷暖气团势力相当，交界区的锋面在华南地区上空南北来回摆动，造成厦门天气阴晴冷暖变化频繁，风向多变，风力较小，易出现雾；当锋面较长时间维持在华南地区上空时，厦门易出现长时间低温阴雨，甚至有可能发生春寒和倒春寒天气。

梅雨季，夏季风开始盛行，温度高，湿度大，雨日多，雨强大，是厦门全年第一个降水高峰期。厦门市的梅雨季常于5月上旬中期开始，6月下旬中期结束。梅雨是北方冷空气与来自低纬的暖湿气流交汇形成的极锋性降水。它是西南季风、东南季风爆发的产物。由于南北两种气团的水、热性质迥然不同，所以这一时期的锋区很强，雨势较强，暴雨频繁，梅雨季平均降雨量350毫米左右，占全年的30%；最少年是1994年，不到190毫米，最多年是2006年，超过620毫米。历史上也有少数年份，由于西太平洋热带气旋活动季节提早，6月甚至5月已有台风影响厦门，称早台风。如2006年第1号台风"珍珠"于5月18日登陆广东澄海，对厦门造成严重影响。厦门梅雨季主要的气象灾害是暴雨洪涝、雷雨大风等。

台风季是受热带风暴或台风影响最集中的季节，该季节平均有3个热带风暴或台风影响厦门，占全年影响平均个数的70%以上。大多数年份都有一个影响较严重的热带风暴或台风，也有一些年份热带风暴或台风正面袭击厦门。热带风暴或台风会给厦门带来大风、暴雨和风暴潮等灾害，也是厦门第二个降水高峰期。如：1990年第9号台风造成厦门连续5天的强降水，其中4天出现大暴雨，雨量达509.4毫米；1959年第3号台风造成厦门最大风速38米/秒，达13级，极大风速60米/秒，达17级；1999年第14号台风造成厦门最大风速25.3米/秒，达10级，极大风速47.1米/秒，达15级。

台风季也是厦门的夏季，天气最为炎热，极端最高气温≥35℃的高温日数90%以上都出现在这一时期，常年高温日数为5天左右。盛夏常有一段晴热少雨天气，易发生高温干旱现象，旱情严重时，可能出现夏秋连旱。

秋季天气特点是晴朗少雨干燥，气温下降，日较差大；冷空气南下多，故多大风。秋季是一年中降雨量最少的季节，多年平均雨量80毫米左右。10月东北季风盛行，日平均风速全年最大，气温下降较多，常有寒露风出现，雨量明显减少，晴天日数增多，空气干燥，天高云淡，空气清新，能见度大。11月冬季风盛行，气温显著下降。有的年份还可能会受到热带风暴或台风影响，称晚台风。如9914号台风（影响时间10月8—9日）和0519号"龙王"台风（影响时间10月2日）。秋季主要的灾害有寒露风

(秋寒较早)，秋旱，旱情严重时，出现夏秋或秋冬连旱。

冬季，北方冷空气南下频繁，气温继续下降，天气最冷，降水少，气候寒冷干燥。常年冬季平均气温13.3℃，2月是全年最冷月，平均气温为12.5℃。冬季平均总雨量146毫米。冬季主要的气象灾害有强降温、寒潮、霜冻、沿海大风以及干旱等。

气候要素

1. 气温

厦门常年平均气温20.6℃，最高年平均气温为21.7℃，出现于2007年；最低年平均气温19.7℃，出现于1984年。年平均最高气温24.8℃，极端最高气温39.2℃，出现于2007年7月20日。年平均最低气温17.8℃，极端最低气温1.5℃，出现于1991年12月29日。年平均≥35℃高温日数5.2天，主要出现在夏季，占全年的94%；最早的出现在1994年5月14日，最高气温为35.4℃；最迟的出现在1998年10月16日，最高气温为35.1℃。年平均气温日较差6.9℃，12月最大，为7.4℃，6月最小，为6.2℃。

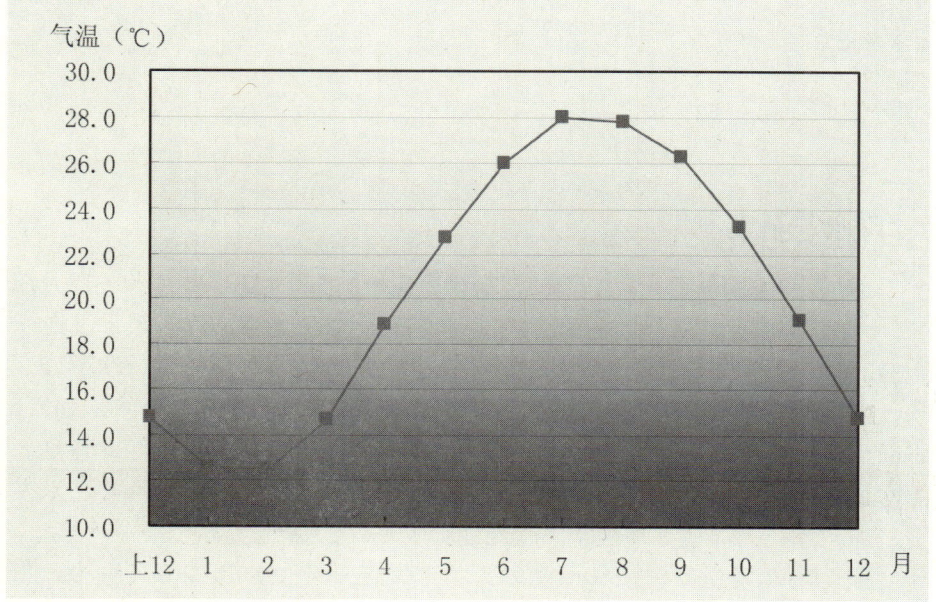

厦门市常年各月平均气温

表1 厦门岛各月气温要素表

单位：℃

月份	1月	2月	3月	4月	5月	6月	7月	8月	9月	10月	11月	12月	年
平均气温	12.6	12.5	14.7	18.9	22.7	26.0	28.0	27.8	26.3	23.2	19.1	14.8	20.6
平均最高气温	17.0	16.7	19.0	23.2	26.6	29.7	32.3	32.0	30.4	27.4	23.4	19.3	24.8
极端最高气温	28.4	28.2	30.9	33.6	35.4	36.4	39.2	39.0	36.2	36.0	31.1	27.9	39.2
出现年份	2008	2004	1960	2001	1994	1961	2007	2005	1963	1994	1966	2002	2007
平均最低气温	9.9	10.0	12.0	16.1	20.1	23.4	25.1	25.0	23.6	20.4	16.2	11.8	17.8
极端最低气温	2.0	2.0	2.5	6.4	12.2	16.3	20.7	21.4	16.5	12.8	7.5	1.5	1.5
出现年份	1993	1957	1986	1996	1981	2000	1992	1985	1966	1978	1995	1991	1991
气温平均日较差	7.2	6.8	7.0	7.1	6.5	6.2	7.2	7.0	6.9	7.0	7.2	7.4	6.9
高温日数（天）					0.0	0.2	3.0	1.5	0.4	0.1			5.2

2、降水与蒸发

厦门岛年平均降水量为1315.2毫米，8月最多，为205.0毫米，12月最少，为31.9毫米。从季节分配来看，厦门春雨季降水量265.9毫米，占全年的20%；梅雨季降水量349.4毫米，占全年的27%；台风季降水量473.2毫米，占全年的36%；秋季降水量80.2毫米，占全年的6%；冬季降水量145.6毫米，占全年的11%。从空间分布来看，厦门地区降水从东南向西北递增。沿海地区年平均降水量一般在1100毫米左右，中部丘陵约在1400毫米左右，往北莲花、汀溪等地区年降水量在1600—2000毫米之间。

厦门年蒸发量（口径60厘米的大型蒸发皿观测值）为1209.2毫米，11月最多，为140.9毫米，2月最少，为65.8毫米。从全年来看，厦门降水量

厦门气候

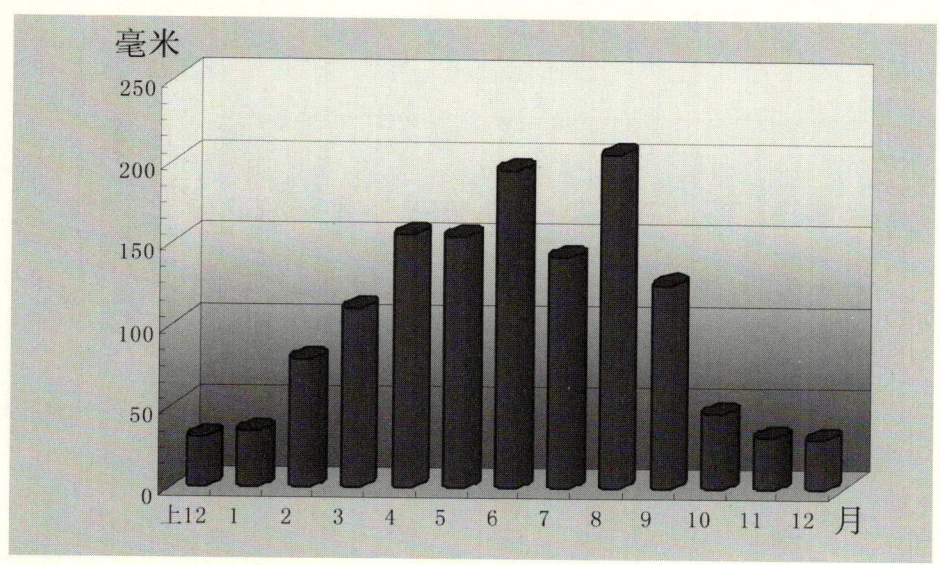

厦门市常年各月降水量变化

略多于蒸发量，也就是水的入略多于出；但各月有较大差异，3—9月降水量多于蒸发量，特别是4、6、8月将近多出2倍，冬半年的10—2月蒸发量多于降水量，尤其是10—1月蒸发量远远大于降水量，所以厦门地区易发生秋冬旱。

表2 厦门各月降水量、蒸发量表

单位：毫米

月份	1月	2月	3月	4月	5月	6月	7月	8月	9月	10月	11月	12月	年
平均降水量	35.3	79.4	110.3	155.6	154.7	194.7	142.7	205.0	125.6	47.2	33.0	31.9	1315.2
月最大降水量	158.0	340.4	440.3	494.5	512.2	524.1	702.8	552.6	362.9	345.6	166.8	98.0	702.8
出现年份	1964	1959	1983	1973	2006	2000	1958	1990	1989	1998	1986	2006	1958
平均蒸发量	71.2	65.8	77.0	86.4	100.8	99.6	140.1	126.3	122.5	132.7	104.9	81.8	1209.2

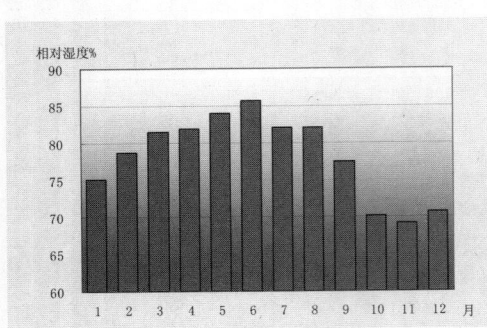

厦门市常年各月平均湿度　　　　厦门市1980—2003年各月平均最低相对湿度

3. 相对湿度

厦门年平均相对湿度为78%，一年中最大的是6月，达86%，最小的是11月，为69%；其中3—8月较大，均在80%以上。

多年来相对湿度极端最低值为10%，出现在1995年11月24日14时。

4. 日照时数

厦门年平均日照时数为1953.0小时，最多的是1963年，达2639.0小时，最少的是1997年，仅1613.3小时。一年中各月日照时数有较大差异，6—12月较多，在160小时以上，1—5月较小，不足140小时；以7月最多，为248.0小时，2月最少，仅99.0小时。

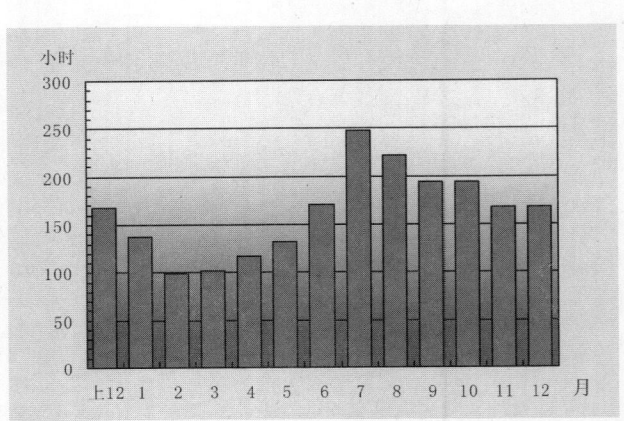

厦门市常年各月日照时数

表3 厦门各月相对湿度、日照时数

月份	1月	2月	3月	4月	5月	6月	7月	8月	9月	10月	11月	12月	年
相对湿度(%)	75	79	82	82	84	86	82	82	78	70	69	71	78
日照时数(小时)	138.0	99.0	102.1	116.9	131.5	170.0	248.0	221.8	194.5	193.9	168.4	168.8	1953.0

5．风

厦门属季风海洋性气候，季风环流季节更替明显，日变换的海陆风也明显。东北季风大致从9月持续到翌年2月，最典型的是11月；东南季风从4月持续至8月，以8月为典型。一般来说，东北季风强于东南季风，东北季风平均风速3.9米/秒，而东南季风平均风速为2.7米/秒。当夏季受西太平洋副热带高压控制时，整层大气稳定，系统风速较小，有利于海陆风的表现。一般情况下，夏季上午由陆风转海风的时间为7—9时，晚上由海风转陆风的时间为19—21时，而冬季上午由陆风转海风的时间为10—11时，晚上由海风转陆风的时间仍为19—21时。

厦门年平均最多风向为E，风向频率为16%，其次是NE，风向频率为11%；最少风向是NW，风向频率仅1%，其次是WNW，风向频率为2%。最多风向各月不太相同，其中9月、10月及12月至翌年5月的最多风向为E，频率在14%—27%之间，6月最多风向是S和SSW，风向频率均为12%，7月最多风向是SSW，风向频率为12%，8月最多风向是SE和SSE，风向频率均为9%，11月最多风向是NE，风向频率为17%。

厦门年平均风速为3.2米/秒，其中10月最大，为3.9米/秒，5月最小，为2.8米/秒，冬半年风力大于夏半年。瞬时最大风速为60.0米/秒，出现于1959年8月23日，日平均最大风速17.5米/秒，出现于1968年10月1日。随着城市化发展，风速明显变小，1995年以后，年平均风速不超过2.8米/秒，1997年平均风速仅2.3米/秒，为1953年有气象记录以来的最小值。

厦门是海岛城市，不仅年平均风速大，大风日数也较多。冬半年北方有强冷空气南下时，易出现东北大风，台风季的台风也会给厦门带来大风天气。厦门风速≥17.0米/秒的年大风日数27天，其中8月最多，平均达3.5

天，其次是10月，平均为3.4天，1月最少，平均仅1.3天。

表4　厦门风要素表

月份	1月	2月	3月	4月	5月	6月	7月	8月	9月	10月	11月	12月	年
平均风速（米/秒）	3.3	3.3	3.1	2.9	2.8	3.1	3.0	3.0	3.3	3.9	3.8	3.5	3.2
最多风向	E	E	E	E	E	S/SSW	SSW	SE	E	E	NE	E	E
平均大风日数（天）	1.3	1.5	2.2	2.4	1.4	1.8	2.6	3.5	2.3	3.4	2.6	2.0	27

厦门主要天气气候灾害

厦门的气象灾害既有陆地滋生的灾害，也有来自海洋的灾害，主要有台风、暴雨、干旱、寒潮、大风、海雾、雷暴、冰雹，以及近年发生频率增长最快的灾害性天气——灰霾。

1. 台风

台风是形成于热带洋面上急速旋转的低压大气涡旋，通称热带气旋。世界气象组织统一规定：低压中心附近最大风力达8—9级（17.2—24.4米/秒）称热带风暴；10—11级（24.5—32.6米/秒）称强热带风暴；12—13级（32.7—41.4米/秒）称台风；14—15级（41.5—50.9米/秒）称强台风；≥16级（≥51.0米/秒）称超强台风。习惯上人们把以上五类均称为台风。

登陆台风统计标准：凡台风中心正面登陆厦门，或登陆其他地方后环流中心又进入厦门者均称登陆台风。

影响台风统计标准：主要是指受台风或其外围环流影响，达到表5标准者为影响台风。

表5　厦门热带气旋影响天气标准

影响程度	日降水量（毫米）	过程降水量（毫米）	平均风力（级）	阵风风力（级）
很小影响	5.0—19.9	15.0—49.9	5级	7级
轻度影响	20.0—49.9	50.0—99.9	6—7级	8—9级
较大影响	50.0—99.9	100.0—199.9	8—9级	10—11级
严重影响	≥100.0	≥200.0	≥10级	≥12级

厦门气候

直接或间接影响厦门的热带气旋平均每年3.6个，大多数年份都有1个较严重的热带风暴或台风影响，也有一些年份台风会正面袭击厦门。5—10月厦门都可能出现热带气旋影响，但主要出现在台风季即7—9月，占全年的72%，其中8月最多，占全年的30%。1956年以来，影响厦门最早的热带气旋是2006年5月16日登陆广东澄海0601号"珍珠"台风，也是1949年以来5月份登陆我国最强的台风之一，受其影响，厦门出现大风大暴雨天气过程，给厦门造成6220万元的直接经济损失；影响厦门最晚的热带气旋是1972年11月7日登陆广东电白的7220号台风。

表6 影响厦门热带气旋各月出现概率

月份	5月	6月	7月	8月	9月	10月	11月
概率（%）	4	10	24	30	19	12	1

台风带来的灾害主要有以下三种。

大风：大多数情况下，较严重的热带风暴或台风影响厦门时，风力在8—10级，阵风10—12级，甚至超过12级的大风。如1959年第3号台风造成厦门最大风速38米/秒，超过了12级，极大风速达60米/秒。

暴雨：较严重的热带风暴或台风影响厦门时，一般会出现暴雨，甚至大暴雨。如1990年第9号台风造成厦门1990年7月30日—8月3日连续5天的强降水，雨量达509.4毫米。

风暴潮：台风风暴潮强度不仅与台风中心气压、大风半径有关，还与台风登陆时间和天文潮的组合有关。如5903号台风在厦门登陆，12级大风席卷闽南沿海各县，厦门极大风速达60米/秒，且恰逢农历七月十九日天文大潮，厦门酿成了十分严重的台风风暴潮灾害，登陆时海水暴涨，最高潮位高达7.39米，潮水猛时超过警戒水位2.1米，从而导致厦门市区低洼地带积水深超

过1米，闹市区中山路都漫上海水，人、财、物等损失惨重。又如1603年农历五月十三日"飓风大作，潮涌数大……船有于庭院者"。

2. 大风

根据厦门实际情况规定大风标准是：平均风速≥12米/秒；或平均风速≥8米/秒，且极大风速≥17米/秒。

厦门常年平均大风（极大风速≥17.0米/秒）日数27天，最多的年份达50天(1990年)；≥8级的年平均大风日数25.1天，主要集中出现在7—11月份。任何月份都有大风出现可能，其中以8月份大风日数最多，平均3.5天，最多的年份达12天（1990年），是冷空气与台风共同影响的结果；1月大风日数最少，平均1.3天。

厦门大风按其出现成因可分四类：（1）冷空气南下引起的东北大风。（2）台风大风。其风向取决路径与登陆地点，且有旋转变换特点。（3）锋过境前、华西倒暖流北上造成的西南大风。常见的天气形势有气旋、低槽冷槽、北低南高或东高西低的气压场配置等四种。（4）中小尺度强对流引起的雷雨大风。此类风向多变，也不太规则。

1959年8月23日，03号台风登陆厦门—漳浦，风力12级以上，丙洲数抱榕树绝根拔起，低处房屋被海水淹过屋顶。通航汕头的大帆船被海浪送到何厝村农地，死亡23人。同安县海堤被冲毁213处，渔船全毁459条、损坏305条，运输船全毁22条、损坏5条，大挂网毁42张、损坏141张，死亡54人，伤256人，损失320.09万元，农作物受灾2.19万亩，海蛎石被刮倒335万株，倒房1133间，损坏6312间，无家可归者469户、2148人。

3. 暴雨

我国气象部门统一规定：50.0毫米≤日雨量≤99.9毫米为暴雨，100.0毫米≤日雨量≤249.9毫米为大暴雨，日雨量≥250.0毫米为特大暴雨。

厦门是多雨的华南地区的少雨区，是淡水资源匮乏的海湾型城市之一，暴雨日也相对较少。导致厦门出现暴雨的天气系统主要有两类，一类是属冷暖空气交绥的锋面暴雨，一类是来自台风等热带天气系统；局地热对流也可形成暴雨，但范围较小。

厦门常年平均暴雨日数4.7天，全年各月均有可能出现暴雨，但主要集中春夏两季，8月最多，常年平均1.1天，其次是7月，常年平均0.7天，12月最少，常年平均仅0.03天。年最多暴雨日数11天，出现于1990年；1964、1970、1982年未出现暴雨。日最大暴雨量315.7毫米，出现在2000年6月18日。

2008年6月13—14日连续2天出现暴雨或大暴雨，农业、公路、水利设施、电力及房屋等均遭受不同程度损失。由于高强度、大范围的强降雨致使部分道路积水、近70处低洼地带受淹，最大受淹水深近2米，导致全市11539人受灾，伤1人；房屋倒塌205间；农业物受灾面积2693.9公顷，成灾面积1084.8公顷，绝收面积501.6公顷，其中粮食作物成灾面积580.7公顷，绝收面积197.1公顷；水产损失面积102公顷；损坏小型水库2座；毁坏路基34.47千米；损坏输电线路1千米；9处山体局部塌方或滑坡；共计直接经济损失8783.981万元。

4. 干旱

长久处在单一气团控制下，造成连续持久晴朗天气，是干旱形成的主要原因。早在1536年就有关于干旱的记载，说明干旱对厦门地区影响较大。近代资料反映厦门地区几乎年年都有或轻或重的干旱情况出现。一年四季都可能出现旱象，按季节可分为春旱、夏旱、秋旱、冬旱，其危害性以夏旱为大，春旱次之，秋冬旱相对为小。

表7　厦门气候干旱标准表

类型		旱兆	小旱	中旱	大旱	特旱
秋冬旱 （10月11日 至2月10日）	连旱日数(天)	21—30	31—50	51—70	71—90	≥91
	解除雨量	6天≥8毫米	6天≥10毫米	6天≥15毫米	（同中旱）	（同中旱）
春旱 （2月11日 至梅雨始）	连旱日数(天)	11—15	16—30	31—45	46—60	≥61
	解除雨量	3天≥10毫米	（插秧前）6天≥50毫米		（插秧后）6天≥30毫米	
夏旱 （梅雨止至 10月10日）	连旱日数(天)	11—15	16—25	26—35	36—45	≥46
	解除雨量	3天≥10毫米	3天≥20毫米	3天≥30毫米	（同中旱）	（同中旱）

注：日雨量≤2毫米为干旱日，厦门市插秧前后以4月20日为界，梅雨始止日为5—6月期间的雨季开始日和终止日。

1977年2月11日—5月1日，春特旱80天，6月28日—7月20日夏小旱23天，9月4—24日夏小旱21天，10月18日至12月10日，秋旱54天，同安县水库仅有4万立方米存水，溪河断流，十几万亩的水稻，有1.3万亩断水，晒白凋萎1.8万亩，其他农作物一半以上无水灌溉。

1991年春连夏大旱，同安3月1日—6月7日总降雨量仅169.0毫米，受灾74597人，农作物14137.4公顷，绝收2950.39公顷。

5. 雷电

雷电灾害是最严重的十大自然灾害之一（联合国在20世纪末组织的"国际减灾十年活动"中把雷电灾害确定为"最严重的十大自然灾害之一"）。美国将雷电列为排名第二的天气杀手。根据美国国家海洋大气管理局（NOAA）天气局的统计，雷电比飓风和龙卷风造成的人员伤亡还要

厦门气候

多。我国是雷电灾害频繁发生的地区，每年发生的雷电灾害有近万次，造成的人员伤亡有3000—4000人，直接经济损失达几十亿到上百亿人民币。据中国气象局雷电防护管理办公室的不完全统计，我国每年因雷击造成的人员伤亡估计超过1000人，其中死亡近400人，财产损失估计在50亿—100亿元左右。厦门是雷电多发区，年平均雷暴日约47.4天，雷击造成人畜伤亡时有发生。据1884年5月11日上海《申报》报道："厦门西人（外国人）信云，初七初八两日，该处大雷电以风损坏物件甚多，某船上之桅杆亦被雷击坏，为从前所仅见云。"据1937年6月29日《华侨日报夕刊》报道"今午禾山雷殛农

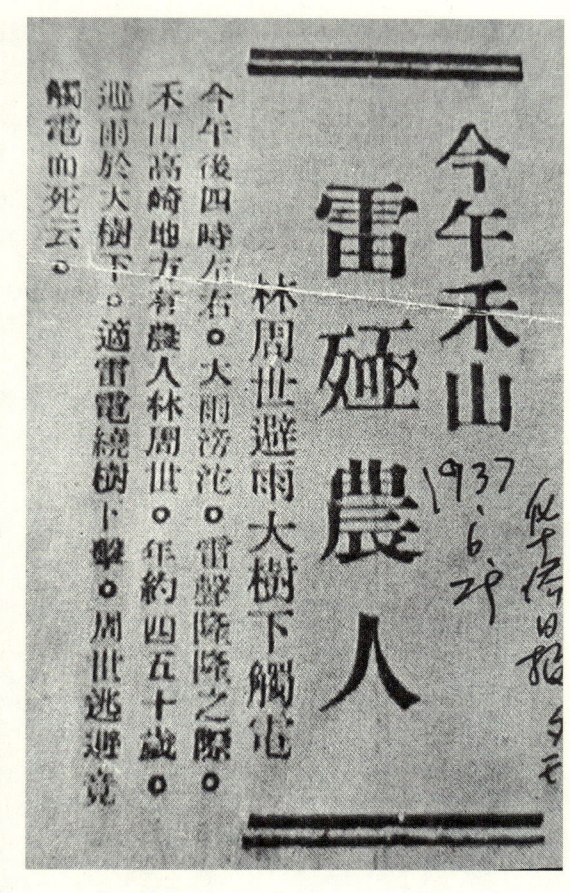

人"，2004年6月28日厦门同安叶厝发生一起雷击1头耕牛的事故；2005年4月21日出现雷击造成某化工厂爆炸、死16人的重大事故。

雷电是自然界释放能量的一种表现，是大气的一种放电现象（主要是积雨云形成过程的一种现象，地震、火山喷发、海啸等所产生的云雾也会引发雷电）。由于太阳的辐射作用，大气的低层气温比较高，热对流使得空气产生上升运动。空气在上升过程中，其中的水汽就会不断冷却而凝结为小水滴，形成不停地向上翻滚的云团。积雨云进一步发展，云中的小水滴和冰晶粒子在气流的作用下就上下运动，在相互碰撞过程中它们会吸附空气中游离的正离子或负离子，这样水滴和冰晶也就分别带有正电荷或负电荷了。这些正负电荷，各自会不断地大量聚集，而且会越集越多。在积雨云中，有一部分积聚的是正电荷，另一部分积聚的是负电荷。一般情况

下，正电荷集中在云的上层，而负电荷集中在底层。这样在云内和云与云之间或者云与大地之间，就会产生电位差，而当电位差到达一定程度时，就会发生猛烈的放电现象，这就是雷电形成的过程。

雷电电荷在传导放电的过程中，产生很强的雷电电流，一般会达到几十千安培，有时会达到几百千安培。雷电电流会将空气击穿成一个枝状的放电通道，出现的火光就是闪电。另外，在放电通道中空气突然加热到5万°F（相当于摄氏27760℃），这比太阳表面的温度还要高。雷电的大小和多少以及活动情况，与各个地区的地形、气象条件及所处的纬度有关。一般山地雷电比平原多，建筑越高，遭雷击的机会越多。

云层之间的放电主要对飞行器有危害，对地面的建筑

雷电劈断的大树

厦门气候

物和人,并没有很大的影响。

云层对大地的放电,则对建筑物、电子电气设备和人畜危害甚大。目前通常所指的"防雷",主要是指这种放电现象,是雷电防御研究的对象。

关于雷电现象的分类,学界有多种说法。通常说法有三种主要形式,一是带电的云层与大地上某一点之间发生迅猛的放电现象,叫做"直击雷"。二是带电云层由于静电感应作用,使地面某一范围带上异种电荷,当直击雷发生过后,云层带电迅速消失,而地面某些范围由于散流电阻大,以致出现局部高电压,或者由于直击雷放电过程中,强大的脉冲电流对周围的导线或金属物产生电磁感应发生高电压以致发生闪击的现象,叫做"二次雷"或称"感应雷"。三是球形雷。

雷电总是伴随着狂风骤雨而出现。因为,雷电的成因是摩擦生电及云块切割磁力线,把不同电荷进一步分离。没有大气的运动,是不会有雷电的。

全球任何时刻大约都有2000个地点遇上雷暴,平均每天约发生800万次闪电,每次闪电在微秒波的瞬间释放出约55KW·h的能量,从久远的过去开始,雷电就对人类、人类赖以生存的自然资源和人类创造的物质文明构成巨大的威胁。雷电灾害的主要表现形式可概括为六种:(1)雷击人身伤亡,2004年我国共发生雷电灾害8892例(伤亡人数有1829人,其中死亡770人);(2)雷击起火,我国森林火灾每年平均约5万次,兴安岭地区森林火灾50%起因于雷击。1989年8月12日9时55分,我国青岛市黄岛油库因雷击起火,大火持续104小时,14名消防官兵和5名油库职工丧生,78人受伤,直接和间接经济损失近亿元;(3)雷击建筑物,随着现代建筑材料性能和建筑技术的提高,一些超高建筑物拔地而起,这些建筑物的出现将雷击吸引到自身。美国纽约市的帝国大厦,高381米,建成几十年来平均每年遭雷击23次,我国中央电视台发射塔落成不久,即被拍摄到一张闪电击中它的照片;(4)雷击电力供电设备及线路,雷击事故是电力供应部门最重要的灾害之一,雷电可击断高压线和输电线路,击坏微波路及微波设备;(5)雷击弱电设备及通讯设备,随着人类向信息社会的迈进,一座座智能大厦的建设,雷电引起的空间电磁脉冲所造成的危害也越来越严重,它可以使移动通讯中断,使银行计算机联网的自动存取款设备误动作;(6)雷击航空航天设施,代表高科技尖端的航天火箭及导弹、飞机等设施造价昂贵,它们发射或航行的成功与失败标志着一个国家的总体科技水平,而它们活动空间又是雷电滋生、形成和发展的场所，一个制造精良的火箭或飞机往往因为一个闪电毁于一旦。由于雷电这种自然现象比较复杂，随机因素多，许多现象难以观测和引入到实验室内研究．目前雷电造成的危害的研究远远赶不上科技的发展，致使雷电所造成的危害呈逐年快速上涨的趋势。

根据厦门历年气象资料统计分析：厦门年平均雷暴日数47.4天；1975年最多，为67天，1995年最少，为16天。一年中最多的月份是8月，平均7.6天，1月最少，平均仅0.03天。最早初雷日为1月13日（1964年），最迟初雷日为4月15日（1954年）；最早终雷日为8月24日（1995年），最迟终雷日为12月29日（1981年）。

1986年6月3日，祥桥乡淡溪村宫巴生产队叶水德和上辽生产队徐王慰等5人在野外劳动，遭雷击死亡。

2008年6月12日中午12时左右厦门地区出现强雷雨，鼓浪屿海坛路一带部分居民电视、电话、电脑遭受不同程度的雷击，最严重的一居民住宅房内的4台电视、2台电话、2台电脑均遭受不同程度的损坏。

根据雷击致人和畜伤亡的资料发现，雷击现场环境各种各样，有的是被击于旷野孤树下，或野外茅草棚、工棚内；有的是在野外旅游帐篷内，或正在游泳划船时；有的是在户外作业，或在暴雨中正行走于高墙或高烟囱边；甚至有的是在设有避雷针的屋内；或正在打电话时被雷击中。真可谓无所不有，虽然现象不同，但雷击于人和畜都遵循一定规律。

（1）雷击到人（或畜）的几种形式

①直接雷击（或直接闪击）

在人或畜四周无其他竖地金属导体情况下，闪电的先导放电通道离地面约20～30米时，人或畜就成了雷击的目标，强大的雷电流通过人或畜由脚入地。雷电来临时，在旷野、在田间、在球场等处，若有人肩扛锄头，手撑金属把雨伞或高尔夫球杆，那么雷电流将经过带着锄头、伞把和球杆流经身体由脚入地。

②间接雷击

人或畜正待在被直接雷击击中的另一物体边时，就可能发生间接雷击。

a．接触雷击：当雷电流流经避雷针引下线、各种金属管道、电线杆或大树入地等情况下，在这些被直接雷击中的金属导体上发生很高的电压，这时如果人或畜某部分接触到雷电流时，就会进入身体，由另一接触点或脚底流出，产生灾害。

厦门气候

b．旁侧闪络：旁侧闪络和接触雷击的共同点是雷电没有直接击中人或畜，而是击中附近的物体，不同的是旁侧闪络是人或畜没有直接接触受雷击的物体，只是在它的附近，由直接被雷击的物体的高电压击穿附近的空气触及人或畜，有时由于较远的地方的物体遭受雷击，通过金属线直接把高电位引入，或感应产生高电位以致发生旁侧闪络造成伤亡。另外由于雷云或雷电先导高电位通过分布电容对附近建（构）筑物的结构放电，形成高电位，也会发生对人或畜闪击的现象。例如，当一人在一铁皮屋顶的木结构屋子里避雨时，当雷电先导发展到附近时，金属铁皮屋顶对地电位逐渐升高，而木结构屋子的铁皮屋顶上电荷不能泄放，当屋顶与人头部之间的电位差有可能大到足以使屋顶与人发生闪络时，屋子里的人便遭闪络雷击，而屋子不受雷击。厦门同安五显镇曾发生过雷击于离养猪场1千米处高压线时，旁侧闪络击死10多头猪的事故。

c．跨步电压：当雷电流流入大地时，由于土壤散流电阻存在，在地面上任两点之间存在电位差，越靠近雷击点或流入点电流密度越大，电位降也就越大，当步子越大时，跨步电压越高。当人或畜两脚间的电位差大到一定量时，便造成人、成畜跌倒甚至死亡。一般情况下，牛的跨步比人大，所以经常发生在田野间被击死的现象。因此在旷野上遇到雷暴，又实在无法躲避时，蹲下来两脚缩在一起，比跨大步走安全。

（2）人或畜的防雷安全

根据调查报道，总结了人体闪电放电的一些特点，具体如下：

人的皮肤、塑料雨衣、胶靴以及各种绝缘体都不起绝缘作用，人体就如同一个从头到脚有300Ω左右电阻的导体一样。

防人体表面放电的电场强度约为250KV/m，到达人头部的闪电电流以两种形式进行：a．作为通过身体的传导电流，b．作为沿身体的表面放电。

沿身体的表面放电会造成表皮烧伤，但容易治疗，通过身体的传导电流会造成心脏停止跳动或呼吸停止，常导致人死亡。

人身体上所携带的金属物体会触发和加强表面放电，使通过身体的传导电流减小。

待在树木、帐篷支柱、起重机等高大物体近旁要比站在空地上危险。

在直接雷击情况下，被击中的人或死或重伤，同时对他近旁的人影响很小。在旁侧闪络事故情况下，死或重伤的人数随位于被击物体附近的人数的增加而增多。

不管人体的姿式如何，由附近的雷击所引起的跨步电压的影响不会致人死亡，雷击所引起的地面上的闪络，会使坐在或躺在其路径上的人体烧伤或暂时瘫痪。

6. 海雾

厦门一年中各月均有可能出现大雾，但由于厦门的雾主要是由暖湿空气流经较冷的地面或海面而形成的平流雾，所以主要出现在上半年，特别是冬夏过渡的春季。厦门年平均雾日39天；1983年最多，为75天，1955年和1961年最少，仅5天。一年中以春季雾日较多，3—5月雾日占全年60%。从出雾时间来看，一天中各个时间都可能出雾，主要集中在2—9时，以5—7时最多，中午—傍晚最少。

有关海事资料统计，世界上70%以上的撞船事故在浓雾伴随暴风的天气下产生。厦门沿海自1949年以来因海雾造成的重大海损事故有23次，还有因雾迷航多次，厦鼓海峡每年因雾使轮渡停航1—2次。

表8　厦门常年各月雷暴、雾日

月份	1	2	3	4	5	6	7	8	9	10	11	12	年
平均雷暴日数（天）	0.1	0.6	3.1	4.2	5.6	7.3	6.6	7.9	4.8	0.7	0.2	0.2	40.5
平均雾日（天）	3.2	5.1	9.2	7.9	6.2	2.4	0.6	0.7	0.8	0.6	0.8	1.5	39

2008年1月中旬初受较强暖湿气流的影响，华东地区出现了大范围的大雾天气，11日和12日厦门市区和沿海一带均出现短时能见度低于100米的大雾。此次大雾过程给厦门市的交通造成较大影响，据《厦门晚报》报道：10日14时至11日12时，厦金航线所有航班被迫取消、全线停航，直至11日中午左右，海上大雾才逐渐消退，于中午12时复航；10日至11日厦门机场取消航班15架次，延误航班71架次；11日仅6—9时，共接到54起交通事故的报警，较往日同期增多了25%左右。

7. 冰雹

冰雹是固体降水，是从发展强烈的积雨云中产生的小冰丸或冰块。冰雹来临时常伴有大风、雷暴或强降雨。大量的冰雹降落，严重的冷冻和大雹块下落时的巨大落速，出现的砸毁力，以及伴随的强烈阵风、暴雨天气对农作物危害极大。

厦门差不多年年都局地性小范围地降雹，1—12月都有出现过。常见雹径如黄豆大小，个别的十几斤重，且降雹的范围不大，持续时间也较短，所以大多未造成灾害。

厦门地区历史上关于雹灾的记载不少，从明成化二十一年（1485年）到1986年，历时500年，发生雹灾17次，其中1959年以前发生7次。从历史记载来看，万历二十五年（1597年）、万历四十五年、万历四十七年、万历四十八年最严重。中华人民共和国成立以后以1973年4月1日和11日两次最严重。

1973年4月1日23时左右，同安莲花西北部、新民南半部、西柯沿海下冰雹，并伴有雷暴雨。冰雹密度大，小的有花生粒大，大的1粒4千克重，一般有鸡蛋大，所过之处，屋顶瓦片30%被击破。

1973年4月11日16时35分，同安新民、西柯、新店、内厝等乡镇大冰雹，伴有大风、暴雨，最大风力近12级，所经之处，飞瓦拔树，倒塌房屋2928间，受灾农作物1.3万亩。

1986年4月5日4时，同安莲花乡的尾林村下冰雹，最大1粒重7.5公斤，顷刻暴雨如注，全村屋瓦尽被击破，稻苗、茶园、山林损失严重。

8. 低温阴雨

冬春季，由于强冷空气活动频繁，冷暖空气的交汇带（锋面）维持在江南到华南上空，容易给厦门地区带来低温阴雨天气，给农业生产和生活带来不利影响。

2005年2月中旬，由于冷暖空气活动频繁，冷暖空气的交汇带（锋面）维持在江南到华南上空。厦门地区从2月16日晚起受强冷空气和锋面降水云系的影响，连续发生两次低温阴雨天气过程，直至3月4日结束。这次连续低温阴雨天气由于冷空气较强，阴雨天日照少，使得白天的气温难于回升，造成了两次日平均气温连续数日低于12℃，前期达到了厦门的寒潮标准（2月17—23日），后期达到了春寒标准（2月26日至3月7日），这两次低温过程中，极端最低气温都在4—6℃，岛外2—4℃，局部0—2℃，并出现霜冻，这是二十世纪80年代以来少见的连续性低温阴雨过程。由于连续低温、日照少，造成了死苗、烂秧、农作物冻害以及鱼苗死亡等灾情现象。

表9　厦门寒潮等天气标准

名称	描述
寒潮	条件1：日平均气温48小时降温幅度≥7℃，或过程降温≥8℃。 条件2：日极端最低气温≤6℃。 同时满足以上2个条件，称为寒潮天气过程。
强冷空气降温	条件1：日平均气温48小时降温幅度≥5℃，或过程降温幅度≥6℃。 条件2：日极端最低气温≤7℃。 同时满足以上2个条件，称强冷空气降温
低温	日极端最低气温≤6℃。

9. 灰霾

根据气象学的专业定义，霾或灰霾是指空气中的灰尘、硫酸与硫酸盐、硝酸与硝酸盐、有机碳氢化合物等粒子使大气浑浊、视野模糊并导致能见度恶化，如果水平能见度小于10千米时，便将这种非水成物组成的气溶胶系统造成的视程障碍称为霾或灰霾。发生灰霾天气时，大气能见度在3～5千米时称为重度灰霾天气，小于3千米则称严重灰霾天气。灰霾天气出现于风速较小、湿度较小、大气稳定的天气背景下，有别于风速较大时形成的沙尘天气和空气湿度较大时出现的雾天。与沙尘天气和雾天相比，灰霾天气出现的频次更高，范围更广，且持续时间更长。

近年，随着城市化进程的快速发展，人类活动直接向大气排放了大量的污染粒子，污染气体越来越多。污染气体通过非均相化学反应转化成气溶胶粒子，导致大气气溶胶污染日趋严重。霾天气就是由于气溶胶发生的典型的污染型天气。霾发生时，细粒子浓度升高，大量极细微的干性尘粒、烟粒、盐粒等均匀地悬浮在空气中，严重污染到人体的健康。霾已经成为一种新的城市气象灾害，备受民众的关注。

厦门作为获得"联合国人居奖"的城市，近年来由于车辆迅猛增加，城市建设步伐加快，工厂企业蓬勃发展，厦门的灰霾天气发生频率也有不断增加的趋势，关于灰霾天气的各种报道也屡现报端。2008年厦门市灰霾日数达到74天，创历史新高。

据有关媒体报道，灰霾天气多发时期，厦门市各大医院门（急）诊的呼吸系统病人增加明显，耳鼻喉科喉炎、鼻炎病人也相应增多，同时由于灰霾天气造成的视程障碍，车祸外伤病人也有所增加。

厦门气候

厦门主要地质气象灾害

1. 现状

厦门地处我国东南沿海、台湾海峡南部西侧、福建南部的九龙江入海处，境内地形变化大，为南低北高，山区面积约占全市面积的50%多。大部分为中低山、丘陵，山较高且坡较陡，岩石以火山岩和侵入岩的风化层、残积层为主，断裂构造比较多，具备发生地质灾害的地质环境条件。引发地质灾害的原因是多方面的，除了地质结构等地质因素和人类活动等因素外，主要由于突发强降水或连续性降水等气象因素所引发的，导致厦门市地质灾害发生。地质灾害类型以滑坡、崩塌为主，另有小范围的地面沉降。北部、西北部中低山、丘陵地区是厦门市的地质灾害多发地区。

据不完全统计，1975年以来，厦门市已发生地质灾害近200处，造成了一些人员伤亡和许多房屋倒塌等财产损失。最近对全市村（居）民住地等进行的地质灾害调查表明，目前有96处地质灾害（隐患）点威胁着1106人和2020万财产的安全，地质灾害的防治形势比较严峻。

厦门市发生的地质灾害，总体上有北多南少、雨季多旱季少、突发性多渐变性少以及规模较小、人为引发多的特点。

滑坡

至2003年，全市已调查的滑坡33处，占已调查地质灾害总数的34%，主要分布于北部、西北部的中低山、丘陵地区，以小型土质滑坡为主。山区居民点房前屋后存在着较多的因削坡建房而引发的小型滑坡，由于致灾体距离建筑物近，运动速度快，突发性强，危害性大。1983年6月同安区汀溪镇褒美小学发生的滑坡，造成了3人死亡的较严重伤亡事件。滑坡是厦门市地质灾害防治的重点

受大雨影响出现的滑坡

对象。

崩塌（包括不稳定斜坡）

至2003年，全市已调查的崩塌37处，不稳定斜坡26处，占已调查地质灾害总数的66%，崩塌主要分布在山区、山前地带的房前屋后和公路沿线，以小型土质崩塌为主。由于突发性强，防范难度较大，极易造成财产损失和人员伤亡事件。厦门市山区或近山坡地带人工削坡，易造成不稳定斜坡（高陡边坡），也是厦门市地质灾害防治的重点对象。

地面沉降

区内小范围地面沉降发生于软土分布区，主要分布在厦门岛筼筜湖沿岸以及海沧东屿等沿海地带。由于工程建设土方回填或地下工程降水施工等导致软土固结引起，属渐变性地质灾害。是厦门市软土地区应重点防治的地质灾害。

2. 地质灾害易发区及危险区的划定

地质灾害易发区

坡度＞15°的土质斜坡及坡脚地带，地质结构面与斜坡坡向同向且倾角小于坡角的岩质斜坡及坡脚地带（平面范围大于3平方千米的纳入本级规划）。

已开发利用的矿区（中型以上矿区纳入本级规划）。

水库库区（中型以上水库库区纳入本级规划）。

地质灾害危险区

根据地质灾害体的稳定性和危害程度综合划定。其划定的主要依据：地质灾害体不稳定且受威胁人数在10人以上或受威胁财产在100万元以上的灾害威胁范围。其中受威胁人数在20人以上或受威胁财产在200万元以上的危险区纳入本级规划。

3．2005—2006年厦门地质灾害险、灾情发生事件

表10 地质灾害发生事件和对应的天气影响系统及降水

(2005年1月—2006年9月)

发生时间	发生地点	发生状况	当天降水	前1天降水	前2天降水	前3天降水	影响的天气系统
2005.8.14	同安区汀溪、五显镇	泥石流2处	384.0	137.0	无	无	0510号强热带风暴
	同安区莲花、汀溪镇	崩塌15处	250.0	133.7			
	集美区后溪镇	崩塌13处	209.0	77.0			
	湖里区江头街道	崩塌3处	130.9	75.0			
	思明区莲前街道	崩塌1处	130.9	75.0			
2006.5.17—5.18	同安区莲花镇	崩塌3处	218.4	41.9	4.0	无	0601号强台风
	湖里区江头等街道附近	崩塌12处					
	思明区人武部	崩塌3处					
2006.5.23	思明区莲前街道	崩塌1处	69.6	52.1	1.1	无	高空槽加中低层切变影响
2006.5.27	集美区北部	崩塌3处	20.0	1.5	38.5	88.5	高空槽加低层切变影响
2006.5.28	思明区大生里	崩塌1处	37.8	14.1	无	1.6	低层切变影响
2006.5.31	同安区汀溪镇	崩塌3处	12.5	31.5	7.5	13.0	低层中部有低涡影响
2006.6.2	思明区九中	崩塌1处	6.7	25.9	4.6	27.9	低层有切变影响
2006.7.15	同安区莲花镇	崩塌8处	74.5	31.2	6.9	无	0604号强热带风暴
	集美区后溪镇	崩塌12处	209.0	77.0	无		
2006.7.16	翔安区新圩镇	崩塌1处	87.1	27.3	0.7	无	

地质灾害地理特点和地质灾害的类别

每年汛期台风暴雨的袭击和人类工程活动日益频繁等因素影响，导

致厦门地质灾害发生频率有所提高。从2005年1月至2006年9月共发生82处不同程度的地质灾害个例，各类地质灾害险、灾情报告表统计见表11，由表11可以看出，由于厦门受区域地质构造、火山岩石和侵入岩石结构、地形地貌及气候等因素控制和影响，厦门市发育的地质灾害主要有崩塌、滑坡、泥石流。崩塌灾害占的频率为主，滑坡、泥石流很少。

表11　地质灾害类型分类统计表（2005.1—2006.9）

灾害类型	崩塌	滑坡	泥石流	合计
次数	78	2	2	82

各种地质灾害发生时段统计

从厦门地质灾害时段统计表上（表12）可以看出，每年的5—9月地质灾害发生的频率较高，为高发期，这一时间段也是厦门的汛期和台风季。这表明了在一定的地质结构和地形地貌条件下，造成地质灾害发生的主要原因以自然因素为主，特别是汛期时出现突发性强降水（暴雨以上）或持续强降水（2天以上）；台风季主要是正面登陆厦门市或在厦门市西南方登陆的台风，影响厦门时风大、雨大，可出现暴雨或大暴雨天气。

表十二、地质灾害时段统计表（2005.1—2006.9）

月	4	5	6	7	8	9	10	合计
次数	0	26	1	23	31	1	0	82

厦门气象之最（从1953年起有完整气象记录至2008年）

1. 气温

厦门岛极端最高气温39.2℃，出现于2007年7月20日；极端最低气温1.5℃，出现于1991年12月29日；年平均气温最高值21.7℃，出现于2007年；年平均气温最低值19.7℃，出现于1984年。

厦门气候

表13 厦门气温要素表

单位：℃

项目	1	2	3	4	5	6	7	8	9	10	11	12	年
平均气温	12.6	12.5	14.7	18.9	22.7	26.0	28.0	27.8	26.3	23.2	19.1	14.8	20.6
最高平均气温	14.8	15.4	18.4	22.1	26.4	28.2	29.6	29.0	28.0	24.9	21.1	18.3	21.7
出现年份	1954	2007	2002	1964	1963	1980	2007	1953	1969	2006	1967	1968	2007
最低平均气温	10.3	8.9	12.0	16.3	21.2	24.4	26.5	26.6	24.6	21.5	17.2	12.2	19.7
出现年份	1963	1968	1970	1996	1984/1953	1982	1985	1995	1987/1997	1992	1988	1967	1984
极端最高气温	28.4	28.2	30.9	33.6	35.4	36.4	39.2	39.0	36.2	36.0	31.1	27.9	39.2
出现年份	2008	2004	1960	2001	1994	1961	2007	2005	1963	1994	1966	2002	2007
平均极端最高气温	23.6	24.9	26.7	29.7	31.7	33.8	35.6	35.4	33.9	31.9	28.4	25.0	36.1
极端最低气温	2.0	2.0	2.5	6.4	12.2	16.3	20.7	21.4	16.5	12.8	7.5	1.5	1.5
出现年份	1993	1957	1986	1996	1981	2000	1992	1985	1966	1978	1995	1991	1991
平均极端最低气温	5.1	5.5	7.3	10.7	15.6	19.4	22.8	22.6	20.3	16.2	10.8	6.7	4.0

2. 降水

　　年最大降水量1998.6毫米，出现于1990年；年最小降水量747.2毫米，出现于1954年。日最大降水量315.7毫米，出现于2000年6月18日。最长连续降水日数22天，出现于1983年3月7日—3月28日；最长连续无降水日数67

天，出现于1994年9月24日—11月29日。

表14　厦门降水量要素表

单位：毫米

项目	1	2	3	4	5	6	7	8	9	10	11	12	年
平均降水量	35.3	79.4	110.3	155.6	154.7	194.7	142.7	205.0	125.6	47.2	33.0	31.9	1315.2
最大降水量	158.0	340.4	440.3	494.5	512.2	524.1	702.8	552.6	362.9	345.6	166.8	98.0	1998.6
出现年份	1964	1959	1983	1973	2006	2000	1958	1990	1989	1998	1986	2006	1990
最小降水量	0.2	0.2	8.6	30.2	10.6	38.5	2.3	3.2	1.0			0.0	747.2
出现年份	1996	1999	1972	1964	2000	1980	2003	1987	1955	1994/2006	1999	2003	1954
日最大降水量	46.0	82.0	113.6	239.7	212.2	315.7	210.0	207.6	186.7	208.0	117.7	57.7	315.7
出现年份	1969	2000	1983	1973	2006	2000	1958	1990	1989	1999	1986	1997	2000

3. 风

最多风向为东风，最少风向为北风；最大风速38.0米/秒，风向为SE，出现于1959年8月23日；极大风速60.0米/秒，风向为SE，出现于1959年8月23日；最大日平均风速17.5米/秒，出现于1968年10月1日；最大年平均风速4.1米/秒，出现于1958年；最小年平均风速2.3米/秒，出现于1997年。

表15　厦门岛内风要素表

单位：米/秒

项目	1	2	3	4	5	6	7	8	9	10	11	12	年
平均风速	3.3	3.3	3.1	2.9	2.8	3.1	3.0	3.0	3.3	3.9	3.8	3.5	3.2
最大风速	13.7	16.0	16.0	19.0	21.0	22.7	28.7	38.0	18.3	27.2	17.0	13.3	38.0
出现年份	1981	1981	1983/1984	1984	1980	1990	1973	1959	1975	1973	1974	1987	1959
极大风速	21.7	21.8	25.7	45.6	32.4	40.2	42.0	60.0	28.9	47.1	25.2	21.7	60.0

续表15

出现年份	1977	1974	1983	1984	1980	1990	1973	1959	1990	1999	1974	1979/1995	1959
最多风向	E	E	E	E	E	S	SE	SE	NE	NE	NE	E	E
最少风向	S	SSW	NW	NNW	NW	NNW	NNW	NNW	SW	SW	SSW	S	NW

闽南气象谚语

1. 气候

全年

大寒冻不死，立春扑扑跳。

【注释】闽南地区大寒不冷，冷在立春前后。

时季有早晚，逐年无相看。

【注释】每年各季出现的时间不尽相同，有变化。

夏至未过狯热，冬至未过狯寒。

【注释】夏至和冬至分别是热和冷的分界线。

七月热内，八月秋风起，九月"寒露"风。

【注释】七月仍在处暑季节，天气炎热；八月冷空气尾巴开始扫到闽南；九月冷空气已经有些势力，早起会有寒意。

正月傍春气，二月寒不畏，三月换衫季。

【注释】农历一月暖空气开始冒头，二月的冷空气比起寒冬腊月已经是小巫见大巫了，三月则是冷暖空气交替影响，衣服常要增减。

春季

正月寒死猪，二月寒死牛，三月寒死插秧的老农夫。

【注释】晚冬和初春的三个月，天气还是非常寒冷的。

风寒雨落正二月。

【注释】闽南春天来得早，暖湿气流从正月或二月开始影响闽南地区，常顺着地面冷空气爬升，造成大范围的绵绵细雨。由于地面仍然是冷空气占主导地位，加上阴雨天气，正是"风寒雨落"的景象。

春天囝仔面，一日变三变。

【注释】春季后期，冷暖空气频繁在闽南地区交汇，由于势力相当，冷暖空气交替影响，天气晴雨变化快，气温变化也大。"囝仔面"，小孩子的脸，忽哭忽笑。类似谚语还有"春天后母面"，"春天小孩脸，变化无穷尽"。

清明时节雨纷纷。

【注释】闽南地区清明前后多阵雨天气。

春雷陈（响），雨赶田。

【注释】春季雷响，随后雨到来。

清明谷雨，寒死虎母。

【注释】清明谷雨即阳历4月，这一时节尽管暖空气已有相当势力，但冷空气仍可能很强，并且冷暖空气交汇常带来大范围降水，日平均气温仍可能很低，故有"寒死虎母"之说。

立夏小满，潭窟都满。

【注释】立夏小满在阳历5月，是闽南的雨季，雨日多，雨强大是这个季节的特点，当然坑坑洼洼的地方都积满水。

三月三月，一日剥皮，三日盖被。

【注释】阴历三月还是寒冷天气为主，但在冷空气来临之前，常有异常闷热的天气出现。

四月芒种雨，五月无干土，六月火烧埔。

【注释】芒种日若下雨，则五月少有晴天，而六月少雨且炎热。

未吃五月节粽，破裘呣甘放。

【注释】端午节前天气夜里依然比较冷，被褥不敢收起来。

夏季

六月天，七月火，石磨会焙粿。

【注释】阳历7月闽南雨季结束，8月则是在西太平洋副热带高压控制下，进入盛夏，太阳晒得石磨都可以烤粿吃了。

西北雨落赡过田岸。

【注释】"西北雨"是闽南人对夏季阵雨、雷阵雨的一种称呼。这种降水从雷达观测看，常是孤立、小范围的，从地面看，相隔很近就会出现晴和雨两种天气，常常是这里出太阳，那里在下雨。

立秋处暑，热死老鼠。

【注释】立秋处暑是阳历8月，是一年中最热的时候。

七月厚风台。

【注释】闽南话"厚"是多的意思，"风台"就是台风。农历七月相当于阳历8月，是台风影响闽南最多的月份。

厦门气候

六月十九,无风水也哮。

【注释】六月十九日,必有风,否则必有雨。

秋季

六月立秋紧溜溜,七月立秋秋后油。

【注释】立秋是阳历8月7或8日,农历是六月下旬到七月中旬间,太阳自此由北向南过赤道,表示秋季开始,天气逐渐转凉。立秋在农历七月,容易出现秋高气爽的气候;如果立秋出现在七月中旬,容易出现秋老虎的天气。

一阵秋雨一阵冷。

【注释】秋季是由热转凉的季节,秋季刚开始时,每一次冷空气南下多会带来一些雨水,因此秋雨是与冷空气相对应的,气温逐渐下降就不奇怪了。

三日风,三日松(霜),三日太阳公。

【注释】这是典型的深秋气候。由于暖湿空气减弱,深秋的冷空气较少带来降水,只是表现为北风的形式,风停之后气温下降,山区可能出现霜和暗霜,而后气温又上升,又是艳阳高照的天气,准备迎接下一次冷空气来临。

处暑跨,冥冷日热。

【注释】阳历9月,日夜温差开始逐渐加大。

九月九降风。

【注释】农历九月秋风阵阵。

十月小逢春。

【注释】农历十月已是深秋时节,但南部沿海的暖气团也时有活动,有时可出现较多降水,似有回春之意。

冬季

冬无三天雨。

【注释】冬天以干冷空气控制为主,水汽很少,即使冷空气南侵,往往也只能造成短时间的降水,甚至无雨。

2. 天气

全年

(1) 中长期

日晒上元灯,雨淋清明纸。

【注释】农历正月十五上元节好天,清明节常会下雨。

雨淋上元灯,日晒清明田。

【注释】元宵节下雨,清明插秧时,阳光普照无雨。

正月十五雨打灯,八月十五云遮月。

【注释】元宵节下雨,中秋节天气也不好。

初一落,初二散,初三下雨到月半。

【注释】农历初一下雨不持久,初三则容易出现连阴雨的天气。

初一十五无原天。

【注释】农历初一和十五的天气往往是相反的。

清明前后北风起,百日可见风台雨。

【注释】清明前后的冷空气,和台风影响有百日的规律。

大暑打雷隆隆声,秋后台风使人惊。

【注释】大暑打雷容易出现晚台风。

小暑过热,小寒早冷。

【注释】小暑在七月上旬,天气刚转热,一般不会太热。如果热得太快,冬天往往提早到来。

(2) 云、雾、风

不怕阴雨天气久,只要西北开了口。

【注释】除了夏季台风等少数热带天气系统,大部分影响闽南(甚至全国)的天气系统都是西风带的,其移动方向是自西(北)向东(南)。在连阴雨时,西北方向的云裂开,说明下雨天气系统已接近尾声,天气很快会转好。

朝有破絮云,午后雷雨临。

【注释】破絮云在气象上称絮状高积云,云的高度约海拔2500～4500米,属于中等高度的云。之所以产生破絮状,是由于该高度上有乱流现象。早晨本来气层是最稳定的,如此时出现大量絮状高积云,说明天气不稳定,太阳出来后更加剧其不稳定,下午容易出现阵雨或雷阵雨天气。

云绞云,雨淋淋。

【注释】云绞云,大部分是中低空云走向不同,说明中低空风向不同,容易下雨。

黑云接驾,不阴就下。

【注释】太阳将下山时,西面出现厚高的黑云,表示有天气系统移近,很快就会下雨。类似还有"日落云里走,雨在半夜后","日落乌云涨,半夜听雨响"。

云低要雨,云高转晴。

【注释】云越来越低,预示天气系统移近,要下雨;云越来越高,表示天气系统离去,天气转晴。

天色亮一亮,河水涨一丈。

【注释】这种现象常出现在春季连阴雨的中午。春季连阴雨时,由于太阳的照射产生上升和下沉运动,常在中午出现短时间云层打开,甚至出太阳的现象,时间不长天又转阴,常预示还有连阴雨。类似还有"太阳中午现,三天不见面"。

天上豆荚云,地上晒死人。

【注释】豆荚云在气象上称荚状高积云,是稳定天气出现的云,预示还有多日好天气。

天上炮台云,地上雨淋淋。

【注释】炮台云气象上称堡状云,有堡状高积云和堡状层积云,常出现在天边,是天气系统的先锋,预示着下雨。

西北起黑云,雷雨必来临。

【注释】类似"不怕阴雨天气久,只要西北开了口"。由于天气系统多是自西向东的,则下雨可能性大,尤其在夏半年,雷雨的可能性大。

有雨山戴帽,无雨山没腰。

【注释】闽南一般看得到的山大约是几百米到上千米。山戴帽,表示低云笼罩山头,如果越来越低,下雨可能性大;山没腰则只是在山腰有一层薄薄的云,一般是雾上升产生的,反而是好天气的征兆。

天上鱼鳞斑,晒谷不用翻。

【注释】这里的"鱼鳞斑"指的是气象上的中云透光高积云(注意和高云卷积云的区别,鱼鳞的块头大),是稳定天气出现的云,预示明天还是好天气。

春南夏北,没水磨墨。

【注释】闽南地区春天刮南风表示暖空气占主导地位,没有冷空气参与,不会下雨;而盛夏季节副热带高压深入内陆,闽南常在弱北风下,也难下雨。

春寒雨那溅,冬寒叫苦旱。

【注释】闽南地区春天冷表示冷空气强大,且与暖湿气流在闽南地区反复拉锯,产生的连阴雨更加剧了"春寒";冬天冷则是单一冷气团控制的结果,难下雨。类似还有"春寒雨至,冬寒断滴"。

鱼鳞云,雨淋淋。

【注释】鱼鳞云是气象上的高云卷积云,高度在海拔4500—8000米,是降水天气系统远处出现的云系,同时也预示高层不稳定。类似还有"鱼鳞天，不雨也疯癫"。

十雾九晴。

【注释】雾出现最多是辐射雾，"十雾九晴"的"九"指的就是辐射雾。辐射雾的出现预示大气十分稳定，太阳出来后雾就消散，且是大晴天。

风刮西北，热到脱壳。

【注释】夏季闽南沿海地区怕弱西北风，会从内陆带来更热的空气，酷热天气往往出现在弱西北风下。

有奇热必有奇寒，有奇寒必有奇热。

【注释】指气候异常。

早雨晚晴，晚雨落归眠。

【注释】"落归眠"，下整夜的雨。傍晚下的雨经常会不容易停止。

一阵雨，一阵寒。

【注释】秋天的降水多数和冷空气南侵相关，气温也会逐渐降低。

风静闷热，雷雨强烈。

【注释】风静闷热往往是冷空气南侵前，在暖气团一侧的表现，大气极不稳定，容易产生剧烈的雷雨，甚至飑线、龙卷风等强对流天气。

急雨易晴，慢雨不开。

【注释】急雨多是孤立的夏季对流云产生的，由于云体小，下雨的时间也短，表现为疾风骤雨的形式；慢雨常和大型天气系统前锋相关，表示后面还有大雨区紧跟其后，下雨的时间会长一些。

雨前有风雨不久，雨后无风雨不停。

【注释】山区有"山雨欲来风满楼"之说，也是孤立积雨云的典型天气模式，先风后雨，影响时间不长；雨后无风说明降水系统还没有过，后面还会有降水。

（3）光、声、电现象

早起霞，黄昏雨；黄昏霞，明早露。

【注释】霞的产生是早晚阳光通过含有较多尘埃、冰晶、小水滴等杂质多的大气层时，主要散射掉波长短的冷色光，剩余红、黄等暖色光。早霞说明西面有较多杂质，往往是降水天气系统的前锋，未来有雨；晚霞则说明系统已经东移，晚上好天气，明早还可能出现露水。类似有"早霞不出门，晚霞行千里"。

东虹日出西虹雨。

【注释】虹是阳光透过小雨滴（相当于三棱镜）时，产生色散作用而形成。

东虹则雨滴已移出，西虹则雨区将影响。

直闪雨小，横闪雨大。

【注释】打雷时，横闪是云与云之间的放电，直闪是云与地之间的放电。云间放电多为系统性雷雨，雨云面积大，下雨时间也长；云地间放电则常为单块云所致，下雨时间短。

雷轰天顶，虽雨不猛；雷轰天边，大雨连天。

【注释】雷轰天边，多为系统性雷雨。如果在西北，且越来越近，说明主体移近，常有大雨；天顶雷说明主体很快会移走。"炸雷雨小，闷雷雨大"道理与此相类似。

小暑一声雷，倒转做黄梅。

【注释】黄梅指梅雨季。小暑在七月上旬，本来前汛期雨季已经结束，标志夏季的西太平洋副热带高压已经占据了闽南一带，闽南正式进入夏季。但如果出现系统性雷雨，说明副高还不稳定，雨季可能延长。

南闪火开门，北闪有雨临。

【注释】闪电是天气不稳定的标志，天气系统移向多为西北—东南。在北面则常随系统南下而影响，下雨可能性大；在南面多为远离而去，不易下雨。

(4) 物候

蛇出洞，雨咚咚。

蚂蚁搬家，风雨交加。

蝼蛄出洞坏了天。

蜻蜓沾满灯，大水在眼前。

蚯蚓上路蛇过道，风雨就要到。

知了鸣，天放晴。

蜜蜂花间走，红天赤日头。

蜘蛛结网兆天晴。

泥鳅跳，雨来到；泥鳅静，天气晴。

青蛙叫，大雨到。

鸡进笼晚兆阴雨。

燕子低飞要落雨。

蜜蜂归窠迟，来日好天气。

鱼儿出水跳，风雨就来到。

蜻蜓飞得低，出门带斗笠。

黑蜻蜓乱，天气要旱。

畏痒草(含羞草)，不畏痒，正是出门天。

烟囱灰扑地，雨声嗒嗒滴。

扑地烟，雨连天。

水缸穿裙，大雨淋淋。

咸物返潮天将雨。

柱石脚下潮，有雨。

草灰结成饼，天有风雨临。

水里泛青苔，天有风雨来。

季节

（1）春季

未惊蛰先陈雷，四十九日乌。

【注释】"陈雷"即响雷，说明暖空气势力已很强大。在惊蛰之前打雷，预示暖湿气流提早活跃，未来可能阴雨天气多。四十九日泛指多。类似有"未曾惊蛰先打雷，插松柏不用捶"。

芒种下雨火烧街，夏至下雨烂破鞋。

春茫晒死鬼，夏茫做大水。

【注释】"茫"，大雾茫茫。春季出现大雾，预兆天热无雨；夏季出现大雾降水多。

春日下雨，春田无播。

【注释】春日指"立春"。"立春"这天下雨，预示春旱，水田无水溶田，春耕插秧难。类似有"春甲子（立春）雨，赤地千里"。

（2）夏季

西北雨，连落三下哺。

【注释】"西北雨"指夏季午后到上半夜的（雷）阵雨，"下哺"是下午，在山区常有接连几天出现的可能。

六七月西风过午变作虎。

六月无风台，有雨无路来。

六月无善北。

无惊七月半鬼，只惊七月半水。

六月西风鬼，无风也有水。

【注释】农历六月吹偏西风容易下雨。

小暑怕东风，大暑怕红霞。

【注释】小暑前后十天内刮东风，大暑前后早晚泛红霞，预示将有台风来袭。

空心雷，不过午时雨。

【注释】早晨打的雷谓之空心雷。

六月初一，一雷压九台。

【注释】六月初一打雷，则未来少有台风。

夏至刮西南（风），大雨水涨潭；夏至大晴天，无雨到秋边。

【注释】夏至节气天气与旱涝的关系。

雨打五更天，日晒午时水。

【注释】五更下雨，中午必晴。

一点雨一个灯，落到明天也不停。

【注释】一滴雨水落在地上溅起一个泡，这样的雨落到明天也不会停。

七月西。

【注释】七月刮西风，定会歹天。

(3) 秋季

"白露"南，田地湿。

【注释】白露前后刮南风会下雨。

云蔽中秋月，雨渥上元灯，日晒清明种。

【注释】这是一首反常时令的气象谚语。中秋月被云遮住，那么来年正月十五上元节前后三天将会下雨，淋湿花灯；来年的清明节也不会有绵绵细雨，而是炎日当空。

三日西南风，秋雨落不停。

【注释】西南风连吹三天，秋天雨水绵绵。

立秋落雨，百日无霜。

【注释】立秋日有雨，之后百日内不会出现霜。

立秋无雨一冬晴。

【注释】立秋无雨，整个冬天晴天较多而少有雨。

(4) 冬季

十二月南风现报。

【注释】寒冬腊月吹南风很快就下雨。

（十二月）顶看初三，下看十八。

【注释】冬季时农历初三和十八日对未来天气有预示作用。还有"初三、十八晴，晴到年边"。

立冬落雨会烂冬,吃得柴尽米粮空。

【注释】立冬节气下雨预示冬季多雨。

干冬至,澹年兜;澹冬至,干年兜。

【注释】冬至和年关有晴雨反相的规律。还有"冬至黑,春节舒(晴),冬至红,春节陈(雨)"。

冬至在月头,要冷年底兜,冬至在月尾,要冷一二月,冬至月中央,无雪又无霜。

【注释】冬至与阳历的对应,能预示冬季天气。

立冬雷隆隆,立春雨蒙蒙。

【注释】立冬打雷,表示暖空气早发动,立春后阴雨绵绵。

小寒冷到哭,大暑台风到。

【注释】小寒前后(一月上旬)的寒冷与大暑影响闽南的台风有对应关系。

冬至在月头,冷在年夜口;冬至月中央,无雪又无霜;冬至在月尾,寒在正二月。

【注释】阴阳历对照。

近五十年气候变化事实与影响

当前,气候变化正对世界各国产生日益重大而深远的影响,受到国际社会的普遍关注。气候变化所导致的气温增高、海平面上升、极端天气气候事件频繁发生等,对自然生态系统和人类生存环境产生重大影响。气象观测数据表明:厦门地区气候变化趋势与我国甚至全球的气候变化总趋势基本是一致的。

1. 气温持续上升,极端高温事件频发

厦门地区从20世纪80年代初期开始气温呈上升趋势,厦门市年平均气温平均上升速度是每10年0.16℃,上升速度在1989—2008年间加剧,达每10年0.23℃。相对于年平均气温上升趋势,冬季(12—2月)的平均气温上升趋势更为显著,暖冬现象已经连续维持12年,在维持总体是暖冬的形势下,近几年季节内的气温变化幅度比较大,在暖冬的气候背景下,仍有强降温、低温阴雨过程等天气事件。

在年平均气温持续上升的同时,近几年厦门岛内年极端最高气温相继创下了有记录以来的历史新高,2003年夏季出现高温大旱,年极端最高气

厦门气候

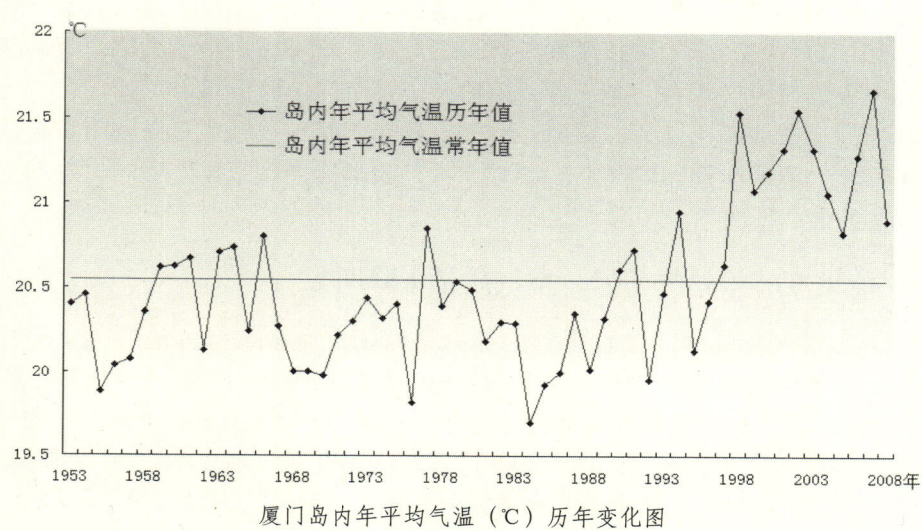

厦门岛内年平均气温（℃）历年变化图

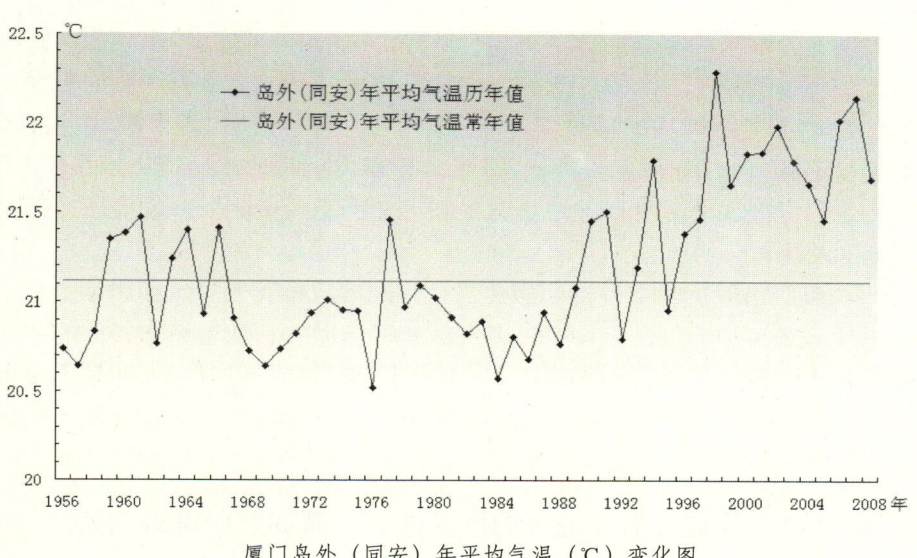

厦门岛外（同安）年平均气温（℃）变化图

温达到38.5℃，与1979年并列第一位偏高年；2005年年极端最高气温达到了39.0℃；2007年年极端最高气温39.2℃又刷新了历史纪录。这一极端高温现象除了大气本身的变化外，还和近年来厦门市城市建设加速，城市下界面改变造成的热岛效应有关。城市下界面大面积水泥化使得厦门市区夏季最高气温要比周边郊区高2～3℃，这是人类活动和城市发展对气候产生影响的最典型例子。

2. 能见度转差趋势明显，空气质量下降明显

气候变化其中一个看得到的部分是厦门市民愈来愈关注的天空浑浊度。它的成因是由于城市人类活动放出的悬浮粒子。大气浑浊可以基于纯天然尘粒(例如来自华北的黄土)，亦可以由燃烧产物(例如汽车废气)透过光化作用造成。直至二十世纪80年代后期能见度变化趋势不明显，但80年代后期以后，低能见度出现的频率急剧上升。

3. 霾污染天气发生频数急剧增加

随着城市化进程的快速发展，人类活动直接向大气排放了大量的污染粒子，污染气体越来越多。污染气体通过非均相化学反应转化成气溶胶粒子，导致大气气溶胶污染日趋严重。霾天气就是由气溶胶产生的典型的污染型天气（霾的主要成分是灰尘、硫酸与硫酸盐、硝酸与硝酸盐、有机碳氢化合物等粒子）。霾发生时，细粒子浓度升高，大量极细微的干性尘粒、烟粒、盐粒等均匀地悬浮在空气中，使大气浑浊，视野模糊并导致能见度恶化（水平能见度小于10千米，重霾发生时，水平能见度小于2千米），霾已经成为一种新的城市气象灾害，严重污染到人体的健康，备受民众的关注。

与厦门市能见度变差密切相关的是厦门市灰霾天气的急剧增加。厦门市出现灰霾污染天气逐年增多，特别是2000年以来，随着城市经济的高速发展和人类活动的急剧增加，厦门市空气污染日趋严重，空气质量迅速滑坡，在一定的恶劣天气条件下，灰霾污染天气发生数急剧增长，2008年达到了创纪录的74天。

4. 海平面上升加大沿海地区的洪涝威胁，减弱厦门港口功能

地球气候变暖造成海水膨胀、极地冰盖和陆源冰川冰帽等融化，是引起全球海平面上升的主要原因。监测结果表明：近30年来，中国沿海气温

厦门气候

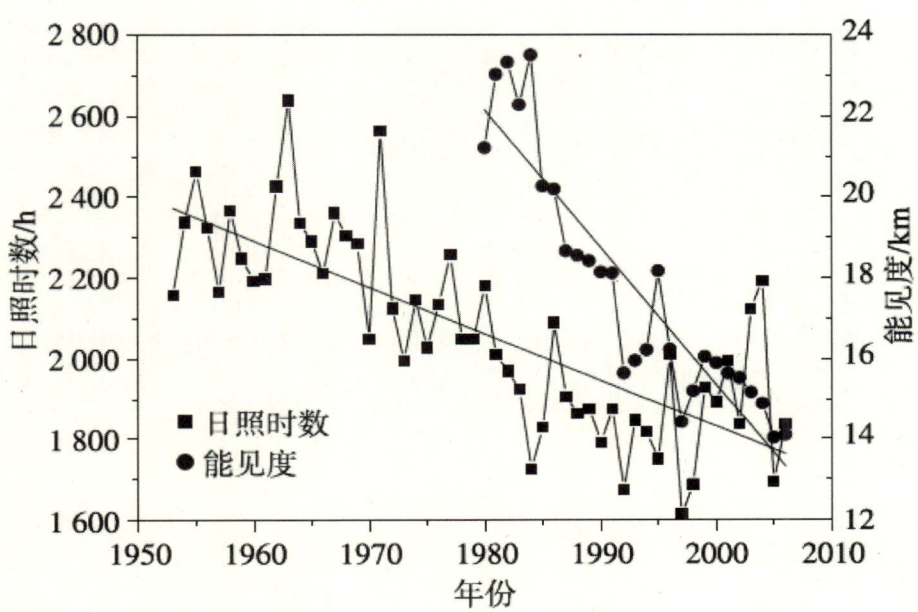

1953—2006年年日照时数和1980—2006年年平均能见度变化

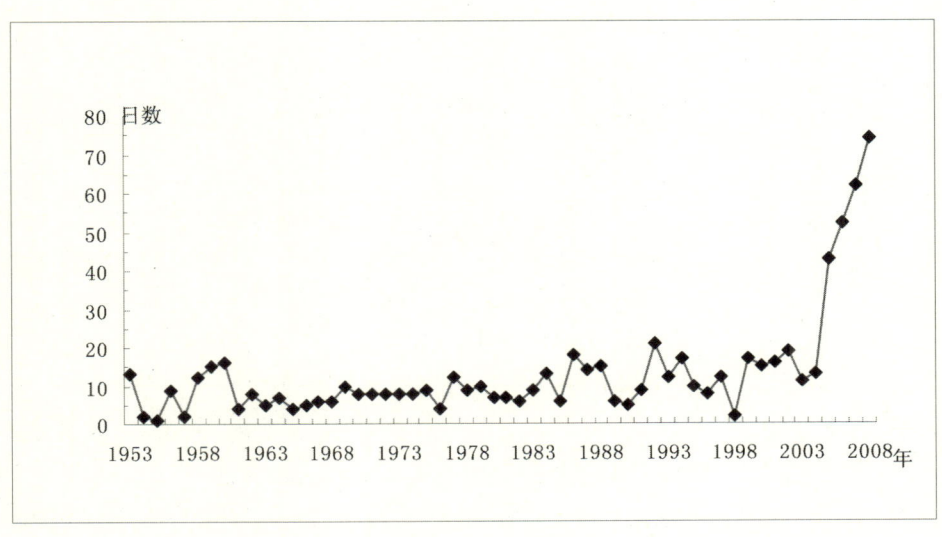

厦门岛内历年霾天气日数变化图

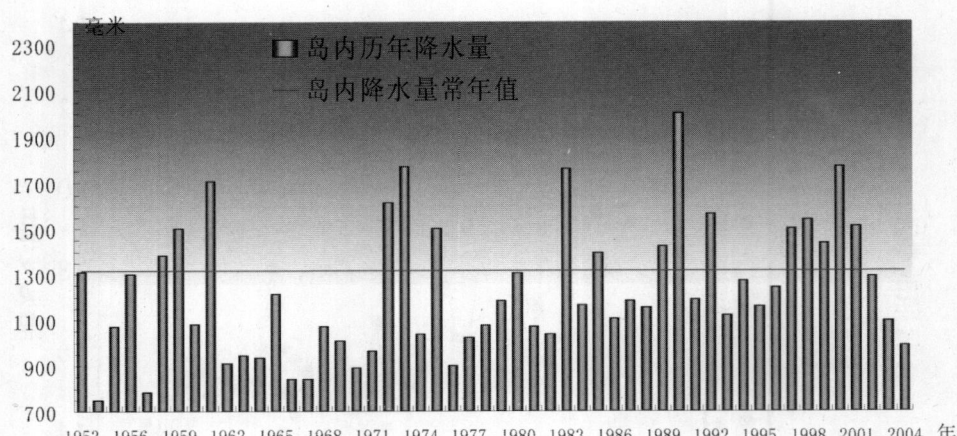

厦门岛内历年降水变化

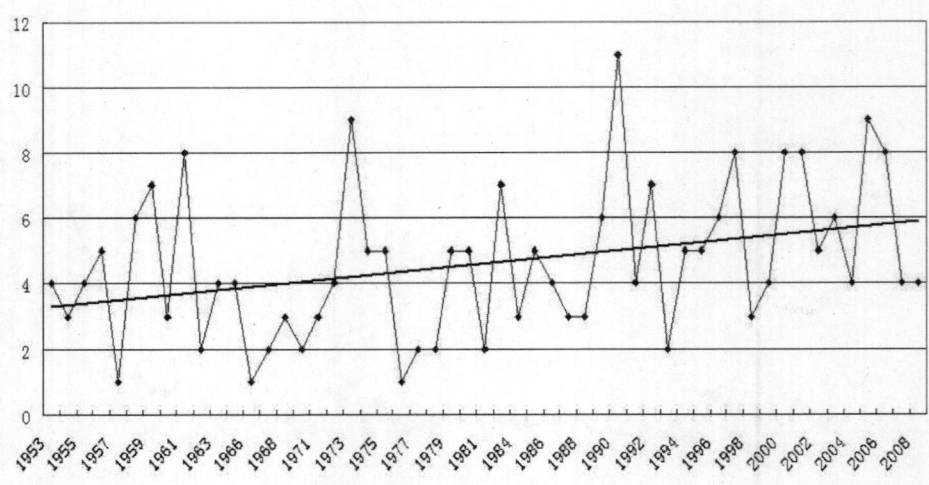

厦门地区历年暴雨发生日数变化图

上升1.1℃，海表温上升0.9℃，同期中国沿海海平面也呈明显上升趋势，上升幅度达90毫米。根据国家海洋局观测资料分析，福建沿海的海平面于1954至2008年间平均每年上升2.4毫米。

海平面上升会加剧沿海地区风暴潮灾害破坏程度，加大沿海地区的洪涝威胁，减弱港口功能，引发海水入侵、土壤盐渍化、海岸侵蚀等问题，造成沿海湿地损失，改变生态系统的服务功能，增加一些珍稀濒危生物的生存压力，同时造成沿海城市市政排污工程的排污能力降低，对环境和人类活动构成直接威胁，严重影响沿海经济和社会的发展。

5. 暴雨、干旱和强台风等极端天气气候事件增多

在气候变化的大背景下，影响厦门的极端天气气候事件已经趋多趋强。这些极端天气气候事件包括暴雨、干旱以及强台风等气象灾害。

厦门过去半个多世纪虽然年降水总量有轻微增加趋势，但极端降水事件却增多明显，自20世纪80年代以来每年暴雨发生日数已有显著增加，这造成厦门地区的局部洪涝现象增多，特别是当暴雨发生时，给厦门的城市排水系统带来巨大压力，造成道路积水，城市内涝，影响交通和城市建设。

伴随暴雨发生次数增加的情况，同时出现季节内长时间降水偏少，降水时间分布非常不均匀，致使干旱气候灾害增强增多。如2001年10月至2002年5月11日发生了秋冬春连旱，全市受灾面积18万亩；2003年自6月28日雨季结束—8月4日，厦门地区经历了37天的高温干旱，受灾人数达11.5万人，受灾面积达11682公顷。2008年11月至2009年2月，厦门地区降水与往年相比偏少六成以上，已形成了较严重的干旱状态，干旱的发生并长期持续将对厦门市农业、林业、水产养殖业以及城市供水、生态环境等方面产生严重的影响。

台风一直是影响厦门的最重要天气，在全球变暖的大背景下，台风的发生发展规律也发生相应的变化。据美国科学家的研究表明，在全球变暖的大背景下，由于海水温度升高，造成台风发生总数虽然变化不大，但是强台风(风速在14级)发生的频率在增加，从全球范围看，强台风出现的频率已有二十世纪70年代初的不到20%增加到21世纪初的35%以上。

厦门市的台风天气也出现了类似的变化规律，登陆和影响闽南地区的台风的频次、强度、发生时间、影响范围和程度都有了新的变化。如2004年第28号强热带风暴"南玛都"于12月3—4日影响厦门市，这是有记录以

来影响厦门最晚的台风。强台风"珍珠"是有记录以来正面袭击厦门最早的台风，也是对厦门影响较重的早台风。这些变化给厦门市的抗台工作带来了新的巨大的挑战。

在全球变暖的大背景下，厦门作为一个岛屿，是气候变化影响的敏感脆弱区。厦门市气候变化与全球和全国气候变化具有一定的一致性，但也存在明显的区别和地域特点。其中冬春季变暖最为显著，全市年降水量呈增多趋势。气候变暖导致极端气候事件也发生变化：冬季低温日数减少，极端最低气温明显升高；夏季高温热浪天气开始增多；全市暴雨日数增多，极端强降水发生概率增加；大风日数和雷暴日数显著减少；强台风和超强台风影响加剧，台风发生时间提前；雾日和霾天气显著增多，日照时数缩短，能见度下降。预计在未来，厦门市气候变化将进一步加剧，极端高温和强降水事件增多，海平面进一步上升，九龙江口生态环境灾害加大，应对气候变化，保护厦门地区的生态环境的任务将更加艰巨。

气象业务

改革开放 30 年气象现代化回顾

　　1978年，党的十一届三中全会作出了实行改革开放的重大决策。三十年来，在中国共产党的领导下，中国气象事业的改革开放创新取得了举世瞩目的成就，跟随着全国气象事业发展的大潮，地处海峡西岸的厦门市气象事业也取得巨大的进步，气象现代化建设带动厦门气象事业发展三次飞跃，在为厦门特区的经济建设、社会发展和祖国和平统一大业作出了可喜的贡献。

1. 80年代初气象台整体搬迁为厦门气象事业发展奠定基础

　　厦门市气象局的前身是厦门市气象台，始建于1952年8月23日，台部建于厦门市鼓浪屿升旗山上（地面观测和探空设在鼓浪屿英雄山上），由于条件限制，一个单位分成两个部分，业务生活都有很多不便。气象台办公业务楼是租用市房管局代管的美国牧师的房屋，1972年中美建交后，教会牧师把该楼房产权赠送给鼓浪屿教会。解决市气象台的业务、办公和职工居住等问题就摆上台领导的议事日程。二十世纪70年代末，恰逢党中央作出改革开放的重大决策，改革开放的春风也给厦门市气象事业发展带来机遇。经福建省气象局和厦门市人民政府有关部门批准，厦门市气象台进行迁站建设，新址建于厦门市湖里区东渡狐尾山上（即目前市气象局所在

1952年建于厦门市鼓浪屿升旗山上的地面观测场　　70年代末搬迁到东渡狐尾山上的气象台办公楼

地),在各级领导的共同关心支持下,厦门市气象台于1980年初正式搬迁到新址办公,开展业务服务。市政府还协调有关部门投资200多万元,修建一条通向狐尾山上的环山公路,解决了气象部门职工工作、生活的交通问题。

　　由于单位的搬迁,一方面整合了业务资源和人才资源,更重要的是为未来的厦门气象事业提供了发展空间。虽然当初搬迁到新的地址还是厦门的城乡接合部,离市区较远而且很荒凉,通往单位的道路只有一条,条件非常简陋,被戏称为从美丽的鼓浪屿转战到厦门的"西伯利亚",一辆军用卡车载着职工行走在泥土路上,一遇暴雨冲刷,上山道路就成沟沟坎坎泥泞,山上草木丛生,潮湿的梅雨天气,毒蛇、树虫常常光顾办公室和观测场所。在较简陋的工作条件下,厦门气象台迎来了一批又一批充满朝气和活力的年轻人,他们中有一大批上山下乡招工进入探测、填图和行政后勤保障岗位的,有一批"文化大革命"期间进入大学深造后进入气象台预报、雷达探测、机务维护岗位的,更有一批批恢复高考后高校毕业分配和调入气象台的研究生、大学生、中专生,他们的到来给气象台增添了新的活力,他们既是改革开放以来成就的见证者,更是直接参与厦门气象事业发展的建设者。

2. 90年代初期首部国产S波段多普勒气象雷达的建成确立了厦门成为福建省中尺度灾害天气预警系统次中心的地位

1989年1月18日,福建省气象局批复厦门市气象台改台为局后,实行局台合一。1990年10月3日,中国气象局和厦门市人民政府对厦门市气象局实行计划财务单列,管理体制的创新给鹭岛气象事业发展注入勃勃生机。

1992年,中国气象局决定将首部国产S波段多普勒气象雷达布设在厦门。1994年底依托于多普勒气象雷达建设的气象业务楼竣工。与此同时,福建省中尺度灾害天气预警系统厦门次中心通过立项。

1995年首部国产多普勒气象雷达投入试运行,1996年正式运行。厦门海洋气象台也在这一年挂牌成立。1997年福建省中尺度灾害天气预警系统厦门次中心建成,通过了中国气象局和省、市政府的验收。

至此,厦门气象现代化建设已粗具规模。基本建成大气探测系统、气象通讯网络系统、气象信息加工系统和警报服务系统,内容包括714SD多波

首部国产S波段多普勒气象雷达布设在厦门

段天气雷达、卫星接收处理工作站、人机交互预报工作站、常规探测、自动雨量站、闪电定位仪、VSAT小站卫星通信、省—市辅助通信、中尺度信息集成工作站、人机交互预报工作站、数据库、同城计算机服务网、电视天气预报节目制作、办公自动化系统等。

3.推进新一代天气雷达等系列项目建成实现厦门气象事业跨越式发展

历史没有在这里凝固，鹭岛气象现代化的脚步也没有就此停止。当新世纪来临之际，鹭岛气象人选择了新一轮的创业——以建设新一代气象雷达为契机带动厦门气象事业全面走向现代化。

随着厦门经济的快速发展和海峡两岸交往的增多，雄踞闽南龙头的厦门对气象服务提出了新的要求，特别是在经历了9914号台风的洗礼后，首部国产多普勒气象雷达显得是那样力不从心。2000年省政协八届三次会议上，原福建省气象局局长、省政协常委叶榕生的《关于厦门市气象局更换新一代多普勒天气雷达的建议》提案引起了各位委员们的关注，提案得到省市领导的重视。时任省委书记陈明义、省长习近平、厦门市委书记洪永

2003年新建成的厦门市气象局业务办公楼

气象业务

世、市长朱亚衍均分别做了重要指示。2000年福建省政协副主席李祖可两次到厦门督查提案的办理情况。根据省市领导的批示精神，市政府及时组织市计委、市财政局、市气象局等部门领导一起研究提案办理事宜。2000年市计委批准市气象局在狐尾山建设新一代多普勒天气雷达项目的立项。项目包括雷达塔楼、厦门市青少年天文气象科普馆、球型天象厅。项目坚持多功能结合，集天气监测、预警发布、防灾抗灾指挥功能、科普教育功能、旅游观光功能和夜景功能为一体。整个项目总投资为7159万元，总占地面积约9000平方米，大楼总建筑面积7850平方米。2002年11月16日项目一期土建工程正式开工，2003年11月16日顺利封顶。一期建筑部分由塔楼和裙楼是两幢相对独立的楼体组成。塔楼的主要功能是雷达探测、旅游观光和夜景工程等；裙楼的主要功能是气象业务、灾害性天气指挥决策、天文气象科普和对外服务接待区，花园式的气象科技园区及气象科普广场。

2004年18号台风艾利影响过程中，厦门市气象台首次采用新雷达进行监测、预警和服务。从整个监测过程来看，新一代天气雷达的优势得到充分体现，预警和服务能力大大提高。气象雷达塔楼也受到广大市民的热情关注，2005年1月19日，厦门市气象局面向全社会就塔楼命名进行了公开征集，应征到上千个名字备选。通过专家评审，"海上明珠"气象雷达塔的名字脱颖而出。寓意是：厦门这座"海上花园"升起的一颗明珠，白天它播撒着万道金光，夜晚，七彩霓虹闪烁，塔体晶莹剔透，有犹如海上的夜明珠。碧海蓝天下，翠绿如染的狐尾山上，"海上明珠"气象雷达塔楼曲线优雅流畅，婷婷玉立于天地之间。登楼眺望，鹭岛万种风情尽收眼底，海港、高楼、沙滩、海浪，近有繁华闹市，远现烟岚浮屿，城中有海，海上有城，海天气象，同收一楼。如今"海上明珠"气象雷达塔楼已成为厦门市主要标志性建筑之一。

"海上明珠"雷达塔楼

4. 海峡大气探测中心基地建设再次掀开厦门气象事业发展新篇章

2006年《国务院关于加快气象事业发展的若干意见》（国务院3号文件）下发后，厦门市抓住机遇率先出台《厦门市人民政府关于推进气象事业发展的实施意见》；通过贯彻落实3号文件及市政府《实施意见》，有效地推进了厦门气象工作"十一五"规划的编制和落实。以3号文件为指导，编制和实施"十一五"规划以及各项规划的工作取得重大进展。市政府批复《厦门市气象事业"十一五"发展规划》。其中"十一五"发展规划的主要建设项目"城市与海洋气象防灾减灾预警系统工程"中部分与"福建沿海及台湾海峡气象防灾减灾服务体系"对接项目完成立项，市政府批复将地方1800万元配套资金纳入市发改委2007—2008年基本建设计划。

在市委、市政府领导的高度关注下，2008年2月18日厦门市政府主持召开了市规划局和市气象局有关征地问题协调会，会上明确将福建省重点建设项目《福建省沿海及台湾海峡气象防灾减灾服务体系项目》中的重要子项目《厦门海峡大气探测中心基地》项目、厦门市政府批复同意的《厦门

海峡大气探测中心基地位于翔安区大嶝镇

气象业务

市气象事业"十一五"发展规划》主要工程之一《城市与海洋气象防灾减灾预警系统工程》项目和新建翔安区气象局项目合三为一（简称海峡大气探测中心基地）建设，根据协调会精神，4月8日市规划局批复建设项目选址意见书，6月13日市发改委批复建设立项。至此正式拉开厦门气象事业新一轮发展的序幕。

厦门气象现代化业务体系——大气探测

1. 地面探测

1952年9月8日，厦门市气象台地面观测场建成开展观测。近60年来，厦门市气象台的观测场地曾5次迁移，换了4个地方，分别在鼓浪屿的东部、西部和厦门岛的东北部、西北部。横跨北纬24°27′～24°31′，东经118°04′～118°09′。海拔高度23.4～139.4米。场地长宽9.4×9.4～25×25平方米之间。具体地点、时间为升旗山（1952年9月8日至1957年6月10日）；厦门市鼓浪屿复兴路75号（市区）（1967年8月13日至1967年11月30日）。

1955年厦门气象台地面观测场（鼓浪屿）

1981年地面、高空观测组全景

　　1957年6月11日因担负国际地球物理年气象观测任务，地面观测场迁移至厦门禾山钟宅乡穆厝村（1957年6月11日至1967年8月13日）；1967年12月1日迁回鼓浪屿英雄山（岛屿、市区小山顶）（1967年12月1日至1980年12月31日）；1981年1月1日，迁至狐尾山顶至今。

　　1958年9月15日，厦门市气象台更名为福建省气象局海洋水文气象台，行使管辖全省海洋水文气象台站的职责，用了1年多的时间在福建沿海岛屿设立了12个海洋水文气象站，先后于1959年10月1日前陆续开始工作。1966年3月10日海洋水文观测任务移交给国家海洋局厦门中心海洋气象站。

　　1958—1964年，在郊区禾山地面观测站附近开展农业气象观测。

　　1991年开始承担酸雨观测。1995年配备计算机用于计算编发天气报及航危报以及制作报表。1997年6月在全市范围内布设了11个自动雨量站，建成自动气象站网。2000年1月1日开始使用中国长春气象仪器厂生产的DYYZ型地面气象综合

气象业务

有线遥测仪，进行观测、发报、制作报表，2002年11月自动站二型实行单轨运行，减轻了地面观测员工作量，提高了工作效率。2001年1月1日停止达因风向风速仪和小型蒸发观测，采用其他仪器设备替代。2004年1月1日起开始实行地面观测新规范，新增加部分观测项目和内容。2004年11月7日采用BB—1型玻璃钢百叶箱，新型百叶箱整洁、美观、耐用。2005年1月1日自动站换型改用北京华创升达高科技发展中心的CAWS600SE—N，进行观测、发报、制作报表及自动站资料传输。同时使用2004版OSSMO地面气象测报业务软件进行计算、发报、编制报表。2008年1月1日根据《中国气象局业务技术"三站四网"实施方案》变更本站站名为厦门国家基本气象站（一级站）。2008年3月1日我站开展太阳辐射试验观测，进行每小时总辐射自动观测、辐射数据资料传输以及辐射月报表制作。2001年开始结合气象

厦门市气象局气象工作人员正在安装自动气象站

2008年新绿化改造的地面观测场

业务发展需要，对全市自动气象站进行有规划的升级改造，至2009年6月为止，已建成布局较为合理、功能较为完善的自动气象站共45个，另有10套六要素移动气象站作为应急之用。

2. 高空探测

1955年1月1日，在地面观测工作的基础上，增加高空测风业务，由地面观测员兼任探空员，开展空中探测。1958年8月27日，厦门探空站在炮击金门的炮声中建成。

厦门探空站从成立至今，曾多次迁移，1955年1月1日的测风场地设在鼓浪屿复兴路75号，与地面观测业务在一起。1957年6月11日随地面观测迁移至禾山钟宅乡穆厝村。1958年厦门前线炮击金门，急需高空气象资料，8月27日高空探测与地面观测分开，迁至禾山莲坂乡的清河别墅。1959年3月18日，在完成军事保障任务后迁至鼓浪屿英雄山，1960年10月12日迁至鼓浪屿复兴路75号。1972年4月24日第二次迁至鼓浪屿英雄山。1980年11月1日迁至东渡狐尾山顶。福建省仅有的三个探空站网中，厦门台也是骨干站，资料除供国内使用，还参加国际交换。1955年建立为

厦门气象台701探空雷达

气象业务

（L波段）I型二次自动测风雷达外天线

二级测风站，每天早晚11时、23时进行两次小球测风，1957年后改为7时、19时观测，可以测得地面以上自由大气中各高度的风向、风速，但施放高度最多是10千米。1958年提升为一级探空站，除了风以外，还能测得温、湿、压等多种气象要素，施放高度可达到25千米以上。从1958年后每天7时、19时进行两次雷达探测至今。

在使用仪器方面，1955年1月1日起，测风用光学经纬仪配合小球测风，但受天气影响较大。1958年8月27日至1965年7月31日用苏式马赫无线电经纬仪配合苏式49型探空仪进行综合探空。1972年4月25日起，使用手控国产701型二次测风雷达配合五九型探空仪进行综合探空。备用测风仪器是701—I型测风经纬仪。其中1965年8月1日至1972年4月25日使用国产五九型探空仪探空。2005年10月1日起使用国产GFE（L波段）I型二次自动测风雷达，使用的仪器改为GTS1数字式探空仪，探测精度大为提高。

接收记录方面，1965年8月以前，使用秒表控时纸上收报人工计算，1965年8月1日起，使用半自动记录仪人工抄报人工计算，测风用测风计算盘计算。1983年4月1日起用计算器计算高空风数值，探空仍用手工方法计算。1985年3月1日起开始使用PC—1500微机处理有关数据，自动编报。1994年10月完成了701雷达的升级改造，整体设备从探测车厢搬入楼房工作间，极大改善了工作环境。1994年使用计算机进行探空测风联机自动处理记录,直接联线发报。

在用氢方面,1985年前,用的是化学制氢,劳动强度强,危险性大。1985年开始,使用第一代电解氢设备制氢,但故障多,操作难。2000年3月开始使用广西气象装备中心生产的电解水制氢机,向着安全、可控、高效的制氢模式前进了一大步。2009年6月,引进邯郸中船重工七一八研究所生产的QDQ2—1型电解水制氢机进行了升级改造。工作环境得到了极大改善。

几十年来,在探空人员的努力下,厦门探空站共获得近百个国家局250班和省局百班无错情,优秀测报员、预审员、测报股(科)长等荣誉称号,为气象事业作出了应有的贡献。

3、天气雷达探测

1975年9月711型测雨雷达在厦门市气象台的英雄山观测场安装使用,作为二级一般天气雷达站。由于观测场地条件不好,1977年初雷达迁移到东渡狐尾山。1980年3月15日更换为713型气象雷达,担负闽南天气和台风监测任务,定时向中央气象台、省气象台及有关地区气象台提供雷达观测情报,并拍发雷达天气预报,承担全省灾害性天气雷达监测联防任务,承担华东地区雷达联防组网观测任务,定时向上海区域气象中心拍发雷达回波廓线报,并参加组网拼图。1988年起,配备图像传送设备,向漳州市气象台传送雷达数字化回波图。1995年由中国气象局和厦门市政府共同投资兴建的达到国内先进水平的首部国产S波段多普勒天气雷达取代了713天气雷达,投入业务运行。

2002年11月,市气象局在狐尾山建设新一代多普勒天气雷达

"海上明珠"气象雷达塔全景

气象业务

项目的立项,一期建筑部分由塔楼和裙楼两幢相对独立的楼体组成。塔楼的主要功能是安装新一代天气雷达、旅游观光和夜景工程等;裙楼的主要功能是气象业务、灾害性天气指挥决策、天文气象科普和对外服务接待区等。2004年18号台风艾利影响过程中,厦门市气象台首次采用新雷达进行监测、预警和服务。2005年1月19日,厦门市气象局面向全社会就塔楼命名进行了公开征集,应征到上千个名字备选。通过专家评审,"海上明珠"气象雷达塔的名字脱颖而出,已经成为厦门市的又一标志性建筑。

4. 闪电定位仪

1995年6月,闪电定位仪在厦门安装并投入业务使用,同时与福州、龙岩的闪电定位仪组成闪电探测定位系统,成为目前最先进的雷电监测和预警系统,它与雷达配合探测,改善了对危险雷暴的鉴别和定位,提高了中尺度强风暴临近预报的准确性。2002年完成新一代闪电定位仪安装并投入业务运行。

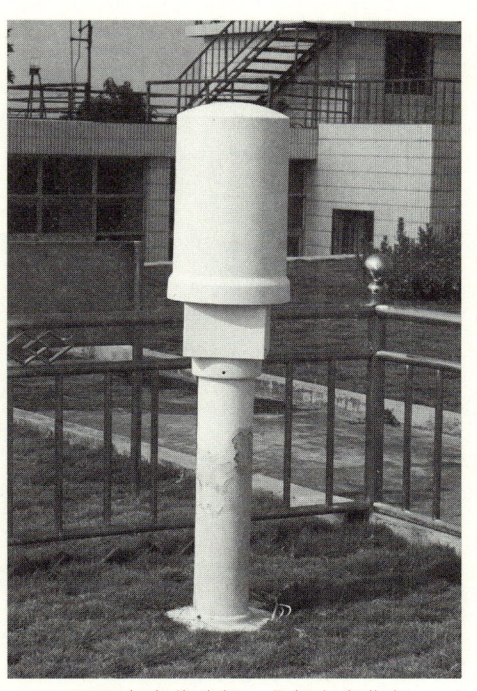

2002年安装的新一代闪电定位仪

5、卫星云图接收站

1975年,厦门市气象台安装了71型卫星云图接收机和配套的118型相片传真机,主要接收美国诺阿(第三代)极轨卫星以及苏联"流星"的低分辨率可见光云图模拟资料,1979年7月1日更换WT—2型同步静止卫星接收机,仍与118型传真机配套使用,接收低分辨率可见光和红外云图资料。1987年厦门市气象台研制成卫星云图数字化处理和无人值守自动控制云图。1991年,购置了WT—5型接收机,1992年卫星云图高分辨处理系统投入业务使用。1996年,引进安装了静止气象卫星处理系统。2005年6月安装了风云2C气象卫星处理系统。2005年1月安装了EOS/MODIS遥感卫星资料接收系统。

6. 电离层观测站

2005年初，国家空间天气监测预警中心举行了两次关于在厦门（或三亚）建设电离层垂直探测站的研讨会，经过专家讨论分析，推荐厦门电离层探测站采用CADI测高仪观测设备，配合适当的软件开发，可以达到空间天气业务对电离层探测数据的需求。2007年3月底厦门电离层观测站正式建设，在国家空间天气监测预警中心和加拿大设备厂家技术人员的参与指导下，短短20多天时间就完成了天线场地、机房和防雷工程的设计施工，天线设备的安装调试以及人员培训等大量工作，4月19日设备安装调试一次性成功，计算机屏幕上清晰显示出来自电离层的探测信号。5月空间电离层探测站投入试运行，2008年3月24日起，我局与国家空间天气监测预警中心合作开展每周一期的《厦门地区电离层天气公报》，内容包括厦门及邻近地区上周电离层天气趋势和本周电离层天气变化趋势和效应分析。经过2年多来的运行，总体运行状态良好，为国家空间天气监测预警中心开展空间天气监测预警服务任务和现报产品的开发提供了基本观测数据保证。

厦门电离层监测站

厦门气象现代化业务体系——气象通讯

厦门市气象台从建站开始就设立了通信部门，1953年1月开始，利用30管直流3灯再生式接收机，每天定时抄收地面、高空报和台风报以及分析报。从1953—1973年长达21年的莫尔斯通信时期，报务员的工作主要是戴耳机手抄莫尔斯气象电报。随着气象事业的发展，通信设备不断改善。1973年3月16日，厦门市气象台使用239型晶体管收讯机、6610型移频附加器与DCY型机械式电传机配套组成的无线电传接收系统，收下了第一份不用人工抄收的气象电报，标志着厦门气象通信工作历史性的转折。1978年，62丙型单边带收讯机替代了239型晶体管收讯机、6610型移频附加器。

气象业务

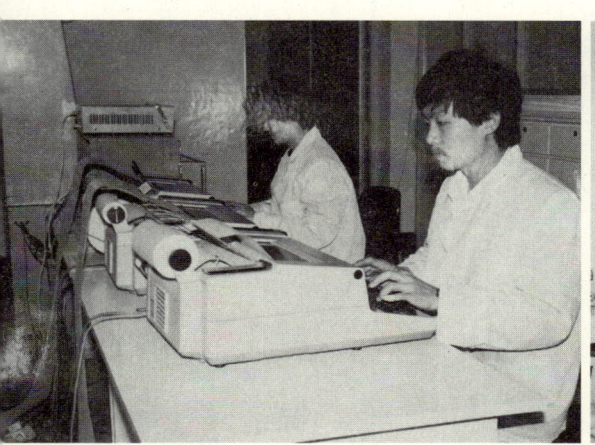

20世纪80年代初电传机

1981年采用西门子1000型全电子式电传机,使报务员从繁重的手工抄报中解脱出来,收报工作效率成倍地提高。1975年,厦门市气象台配置了56丙型18灯收报机和117型传真机片机。1977年配置了ZSQ—1A气象传真机片机,改用普通纸接收。1980年增加了79型短波定频接收机和ZSQ—1B气象传真收片机。1984年增加79—1型短波气象定频接收机配CZ—80传真机。1985年4月,厦门、同安、漳州、泉州等13个台站组成了全省第一个短时预报试验专用甚高频通信联防网。1988年6月,厦门市气象台与广东汕头气象台开通了跨省联网的甚高频信道。1984年厦门市气象台建立了甚高频无线气象警报服务系统,直至20世纪90年代,警报服务系统仍是气象服务的一个重要手段。1988年9月,厦门市气象台引进了雷达数字化处理和传输系统,通过无线甚高频信道把数字化回波信息成功地传到漳州市气象台,标志着计算机无线数据通信在气象业务上正式投入应用。1989年,引进单板机8路气象电报自动处理系统。1993年建立厦门至福州气象台"一报一话"通讯线路。1991年厦门市气象局开始规划建设海洋气象业务系统(MMOS),建立了计算机局域网3+网。1992年该网改为NOVELL网,实现了厦门市台与省气象台、同安县气象局的程控拨号计算机通信。1995年5月,VSAT试验站在厦门投入试运行,同时分组数据交换网也投入业务运行,并与汕头气象局VAX机的备用通信线路。1996—1997年在中尺度灾害性预警系统建设中,建成了卫星通信、地面分组交换网、专线报话网、公共交换电话网络数传等多种方式的综合气象信息通信网络。

1996年由NOVELL网升级为NT网络,同时,开始使用MICAPS1.0系统。1997年建立了厦门气象网站,实现了通过互联网发布厦门气象信息。同时也开通了互联网线路。1997年还实现了在绘图仪上自动填图功能。1998年,建设了厦门市中尺度灾害性天气预警系统。

2000年,厦门气象局安装了LOTUS公文邮件系统,建立了有线传输自动站网点,2003年有线传输改为无线CDMA传输。2000年初,开发了一套地面观测资料实况显示软件。1999—2001年,开发了台风历史资料与实况资料的检索与分析业务系统。

2001年,购置了一套双机热备康柏服务器,2003年购置了一套联想深腾1800并行机。

2002年厦门气象网站进行了第一次改版,增加了专业气象网站,完成了数据库的建设,开发了气象资料自动传输软件。2002年还与厦门机场、厦门航空建立了专线传输线路。2003年开通了厦门市金宏网。2003年开始使用MICAPS2.0系统。

2004年年底,厦门气象局网络机房搬迁升级,购置了CISCO6509三层交换机,实现了骨干网千兆速率的网络结构,配置了防火墙,加强了网络安全。

2005年初,完成厦门局至广州气象区域中心的宽带信息网络建设,该宽带网投入业务运行后为厦门局提供了一个多渠道的气象信息通信网络平台,促进了预报服务水平的提高,使厦门气象局的天气联防更富有内涵。

2006年,中国气象局与厦门局建立了2兆SDH宽带信息网络。2007年,福建省气象台与厦门气象局建立了6兆SDH宽带信息网络,这两条线路的建设为厦门气象局与上级单位的快速气象信息传输奠定了基础。

2005年,厦门市气象局与福建省气象台建立了视频会商系统。2007年,厦门市气象局与中国气象局建立了视频会商系统。2009年,厦门市气象局与防汛办建立了视频会商系统。

2007年,购置了一套HP双机热备数据库服务器以及网站服务器。2008

气象业务

厦门气象局网络机房

厦门市气象局视频会商系统

年第二次对气象网站进行了改版,增加了政府决策网。2007年增加了DVBS单收站接收系统,2008年开始使用MICAPS 3.0系统。2009年完成了厦金航线气象保障服务系统项目建设。

厦门气象现代化业务体系——气象信息加工与预报服务

1. 气象信息加工

1953年1月,厦门市气象台开始正式制作短期天气预报。1953年开始人工填绘天气图(简称"填图"),1992年人工填图结束,开始使用"填图机"绘制天气形势图,1998年取消填图业务。随着军事、航运、渔业和城市建设服务的需要,逐渐扩大天气预报范围,增加项目内容和时次。1959年开始制作3~5天不定期的中期预报,1962年起开始制作发布旬、月、年预报,1972—1983年曾改为节气预报,1984年后恢复旬预报。1977年开始,依靠雷达加密观测,为厦门某些专业项目开展短时预报。

80年代初,气象填图员正在填绘天气图

1988年建成短时强对流天气预警系统,在业务上使用递推法,应用天气图和物理量资料作出12小时展望预报,应用卫星云图特征演变,作出3~6小时临近预报,应用雷达回波和天气实况作出0~3小时即时预报,取得很好的效果。

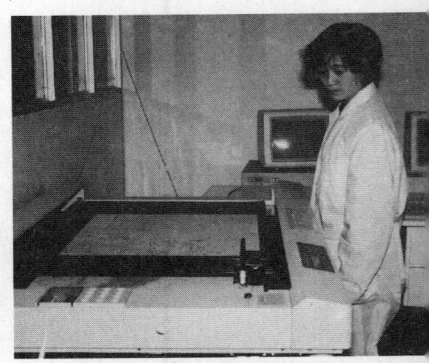
1996年气象填图机

进入20世纪90年代,预报业务现代化建设有了较大发展。1992年厦门市气象台建立了短期预报工作站人机交互系统,其后又建成天气预报实时业务系统、气候业务系统、"厦门3—4月强降水预报专家系统"、"台风路径及闽南台风天气预报业务系统"、"台风路径及影响天气历史库及检索系统"、"厦门海雾专家系统"等一批系统投入业务应用。1997年气象信息综合分析处理系统建成投入运行,2002年6月升级为MICAPS 2.0版本,2008年12月升级为MICAPS 3.0版本。

2. 天气预报（警）服务

建国初期，厦门市气象台的天气预报主要为国防建设和军事活动服务，不对外发布。1952年6月6日，厦门人民广播电台开办台风报告节目，播发上海气象台的台风预报。1954年1月21日起除预报台风外，临时增加危险天气预报。1958年12月天气预报列为独立节目，每天发布3次，1993年调频立体声节目开播后也播发天气预报。

20世纪80年代中期，厦门电视台开始播发厦门地区和沿海天气预报。1988年9月起，中央电视台增播了厦门市24小时城市天气预报。1996年12月，厦门市气象局声像制作中心成立，开始独立制作有节目主持人的《天气和海洋环境预报》节目，在厦门电视台第一套节目中播出，取得很好的效果，1999年初有线电视台增加了《厦门气象》节目。使电视天气预报节目覆盖了厦门的全部市办电视频道，2002年增加由预报员主持的《海峡气象》节目，三套节目特色明显，节目形式更加生动，受到市民的喜爱，2002年第四届"华风杯"全国电视气象节目观摩评比中，《天气和海洋环境预报》节目获得副省级有主持人综合节目二等奖，主持人获主持艺术个人二等奖。2005年1月电视台进行节目改版，2005年2月21日，我局与厦门电视台合作开办的天气预报连线直播节目在"厦视新闻直播室"栏目开播，节目采用电视台新闻主持人与我局气象专家连线直接对话的方式，即时播报最新的天气实况和预报，在全国气象部门首开先河，获得厦门市委市政府以及广大市民的高度评价。为参与对台宣传，促进祖国统一作贡献，2005年12月25日在厦门卫视频道推出《海峡气象》栏目，这是我国大陆首档服务台湾同胞和东南亚侨胞的闽南话气象电视节目。

1956年，《厦门日报》开始刊登厦门市区的天气预报，20世纪90年代《厦门商报》、《厦门晚报》创刊后也刊登了天气预报。2000年起《厦门日报》开设气象专版。

《天气和海洋环境预报》节目

2007年8月22日厦门市领导慰问抗击台风气象工作者

　　电话与传真也是预报服务中常用的方式。服务人员随时通过电话将预报与天气情况通知有关部门，并随时回答咨询，简便又快捷，服务效果显著。1983年厦门市气象台在电信部门的支持下建立"121"天气预报自动答询电话，内容包括气象信息服务、旅游景点天气预报以及科普等内容。2005年，"121"天气预报自动答询电话进行扩容升级改造，信箱内容更加丰富。

　　1955—1970年与港务局、海军信号台合作提供天气预报，在鼓浪屿升旗山悬挂风信标，夜间用信号灯为海上船只指示大风警报的风力等级。1998年底由海监局恢复此项任务。

　　1984年厦门市气象台建立气象警报系统，每天向用户广播3次天气预报，遇有灾害性天气出现则增加广播次数或随时加播，用户用接收机收听，随着21世纪手机气象短信的开通，气象警报系统才暂停使用。

　　90年代计算机网络建成后，开始通过网络向市政府和航空、保险等一些用户传送预报、卫星云图、雷达回波资料和气象情报，提高了时效。2008年厦门气象信息网经过改版后，信息内容更加及时丰富，版面设计美观大方，有更强的实用性。

厦门气象现代化业务体系——气候预测与评估

1. 气候预测业务

厦门在20世纪60—70年代就开展长期预报制作，主要的预测方法有：单站要素统计分析方法，物候法，阴阳历叠加等统计方法。进入21世纪后，改为短期气候预测业务，这几年逐步发展为多元的现代气候预测业务。

厦门主要的短期气候预测产品包括滚动的月、季、年、专题及不定期气候预测或趋势分析。

月气候预测：以文本的方式制作，预测下月的月降水量、月平均气温、主要降水（冷空气）过程和主要灾害发布及强度预测，每月的29—30日发布。

季气候预测：以文本方式制作，发布季节内月平均气温、降水量、主要天气过程、主要灾害发布及强度预测，发布时间为春季（2月28日）、雨季（4月28—29日）、夏季（6月28—29日）、秋冬季（9月28—29日）。

汛期气候趋势预测：以文本方式制作，发布汛期（5—9月）降水量、夏季高温、台风活动情况、主要灾害分布情况及强度预测，4月28—29日发布。

年度气候趋势展望：以文本方式制作，发布年内各季平均气温、降水量、主要灾害分布及强度预测，11月28—29日发布。

以上为常规气候预测产品，服务对象主要有：市政府决策部门，农、林、渔等相关部门，专业气象用户等。另外还作为市气象台短期天气预报的参考。

不定期专题服务：针对前期和当前的天气气候特点及气候变化形势，以图形、文本方式制作，发布未来趋势展望，主要为决策部门提供科学依据。

主要气候预测工具和方法：综合应用各种物理统计方法，如气候背景分析、时间序列分析（方差、周期、谱分析等）、多元分析（回归、判别、主分量分析等）、天气气候学的相关相似分析、物理概念模型、异常（典型）

年份分析及动力气候模式产品的降尺度解释应用等，形成各种方法的精细化客观预测产品。2004年引进了"省级气候业务系统"，增加了多种物理统计方法。

通过VSAT系统接收下发的国家气候中心有关国家级常规的业务指导产品，并转存到气候业务服务器指定目录，并根据厦门市实际情况进行应用；通过国家气候中心网站定期了解有关动力模式产品，根据厦门市实际情况进行参考。

通过国家气候中心网站下载每候的月动力模式产品，并存储在气候业务服务器指定目录，根据本市气候特点，采用了动力—统计相结合法进行对本市的降水预测释用研究，建立大尺度环流形势场模式产品与月降水之间的关系方程，然后对所确定的预报方程进行历史回报检验，并从2007年1月起进行实际预报试验。目前模式产品的降尺度解释应用结果在常规月降水预测中有着一定的参考作用。

2. 干旱监测、评估及不定期雨情分析

利用厦门市干旱监测预警分析业务流程结合福建省气象科学研究所的"福建省干旱动态监测"系统分析的结果和国家气候中心有关干旱监测结果，结合本地土壤墒情不定期制作《厦门市干旱监测报告》。

利用厦门实时自动站降水统计资料，分析厦门雨情水情，结合未来降水趋势，不定期制作《厦门市降水分析》。

以上两项产品主要为市政府决策部门及各级防汛抗旱部门作决策参考。

3. 重大气候事件监测和总结及气候影响评价

20世纪只做气候年度总结，到21世纪初发展成为：定期的月、季、年的气候影响评价工作，在气候影响评价中对该时段内的重大气候事件进行监测和总结，年终编写一本2.5万字左右的《气候公报》。

年终组织有关专家对该年所发生的各重大气候事件进行评选，选出其中对厦门影响特别重大的几个气候事件，然后通过召开新闻发布会等形式通过公共媒体向社会公众发布。如2006年气候异常，引起极端天气气候事件频发。为了使公众和社会各界了解厦门市的气候变化及其对国民经济和公众生活的影响，组织评选了年降水量异常偏多、旱涝突出，年平均气温显著偏高、气候偏暖增强，影响较重的早台风——"珍珠"，降水强度

气象业务

大、持续时间长的强热带风暴——"碧利斯",正面袭击厦门的台风——"格美","霾"的日数创历史记录,雷电灾害造成较大影响等七大气候事件由厦门市气象台和厦门市专业气象台联合通过媒体向公众公报。

厦门气象现代化业务体系——气候变化业务

当前,气候变化正对世界各国产生日益重大而深远的影响,受到国际社会的普遍关注。气候变化所导致的气温增高、海平面上升、极端天气和气候事件频繁发生等,对自然生态系统和人类生存环境产生重大影响。应对气候变化,事关经济社会发展全局和人民群众的切身利益,事关国家的根本利益。作为国家应对气候变化的基础性科技部门,中国气象局在气候系统观测,气候变化基本事实、趋势分析,气候变化影响分析,极端气候事件预测和应对等方面开展了许多工作,开展了应对气候变化的部门间合作。中国气象局还把防灾减灾和应对气候变化作为中国气象局的两大最重要工作任务来开展。中国气象局为贯彻落实《中国应对气候变化国家方案》于2007年8月正式发布《中国气象局应对气候变化行动计划》,随后中国气象局于2008年成立了专门的气候变化部门——气候变化中心,标志着中国气象局应对气候变化工作进入了一个新阶段。中国气象局气候变化中心将统筹规划各级气象部门气候变化的业务服务工作,明确任务和分工,加强对下的业务指导和技术支持,建立上下联动、资源共享的运行机制,全力推进全国气象部门应对气候变化工作的开展。在做好国家级的气候变化业务外,中国气象局还非常重视区域、省市一级的气候变化业务工作。中国气象局于2008年制订了《中国气象局关于加强省级气象部门应对气候变化工作的指导意见》。2008年10月,国家气候中心已发布了"中国地区气候变化预估数据集(1.0)",2009年2月发布《区域(省)级气象部门开展应对气候变化工作技术手册》,2009年12月3日,国家气候中心又对外发布了中国地区气候变化预估产品2.0版本。这些工作都是旨在加强省市一级的气候变化业务工作。

为此,厦门市政府率先于2008年6月成立厦门市气候变化监测评估中心,并明确该中心主要提供社会公益服务职责,根据《关于成立厦门市气候变化监测评估中心的批复》(厦委编[2008]10号)和《实施意见》(厦委办发[2009]21号),在厦门市专业气象台加挂厦门市气候变化监测评估中心牌子,市气候变化评估中心主任由市专业气象台台长兼任,核定市专业气象台副职领导职数1名（相当副处级），从事气候变化监测评估工作，核定人员编制4名，用于引进硕士学历以上或高级职称相关专业高级人才或业务骨干。

厦门市气候变化监测评估中心的主要任务是：在全球气候变化背景下，分析厦门近百年来的气候变化观测事实及其影响，预测21世纪的气候变化趋势；综合分析、评价气候变化及相关对厦门生态、环境、经济和社会发展可能带来的影响；在全球气候变化的大背景下，极端天气气候事件发生的趋势分析，预测其可能影响及次生、衍生灾害的预分析和评估，为应对气候变化的决策和相关政策提供可靠的依据。

厦门市气候变化监测评估中心于2008年6月正式成立，开展了卓有成效的工作。努力加强应对气候变化能力建设，加强气候变化对策研究，做好决策服务工作，于2009年4月28日向厦门市政府及有关单位呈报《厦门市气候变化的事实、影响及对策专题研究》（厦气发[2009]59号）。随后在《厦门日报》、《厦门晚报》报道了该报告的主要内容，加强气候变化的科普宣传工作，结合当年世界气象日的主题"天气、气候和我们呼吸的空气"，在厦门日报、厦门晚报、厦门电视台等媒体宣传气候变化的适应和减缓知识。同时，深入社区，学校开展有关气候变化的基本知识讲座。中心有关人员受厦门大学海洋学院邀请，在厦门大学开设"海洋气象学"课程的教学。这些活动宣传了气候变化的知识，扩大了厦门市气象局的影响。厦门市气候变化监测评估中心还协助福建省局气候中心承办的国家气候中心有关专家主持的两次气候变化影响评估厦门座谈会。加强气候变化人才的培训等工作，派出人员去国家气候中心参加"第六届气候系统与气候变化国际讲习班"。完成国家气象局下发的《厦门市气象局气候变化应对建设项目》。有关人员参与《华东区域气候变化评估报告》中有关福建气候变化的一部分工作。中心还积极为厦门市地方政府出谋划策，中心多次承担厦门市人大和政协的相关提案的办理工作。如厦门市政协十一届三次会议第20092160号《建立灰霾天气预报预警和防御机制，保障厦门市民健康》提案的办理。在调研和前期研究的基础上，形成课题可行性研究报告《厦门市灰霾天气特征及与城市大气环境质量关系的研究》，现已获得科技局社会发展项目的立项支持，该项目于2009年11月19日正式召开项目启动会。

气象业务

地质气象业务

地质气象业务是由国土资源管理、气象两个部门联合开展的合作业务。根据国土资源部和中国气象局于2003年4月7日签订的《国土资源部和中国气象局联合开展地质灾害气象预报预警工作协议》规定，每年汛期（5—9月）由国土资源部和中国气象局共同开展全国地质灾害气象预报预警工作，并以两部门联合发文的形式向省（自治区、直辖市）、地（市）、县（市）推进此项工作。

由于地质气象灾害是气象衍生灾害（即气象灾害的次生灾害）之一，是由气象为主要因素诱发或导致的地质灾害，是厦门城乡常见的自然灾害之一，其对国家和人民的生命和财产安全威胁极大，而且与气象灾害一样，其发生概率与气象因素密不可分并具有可预报性，因此需要跨学科、跨部门共同研究和联合监测预报预警。

厦门市地质灾害气象预警预报业务，是由厦门市气象局与市国土资源与房产管理局联合开展的合作业务。该业务始于2004年，2004年8月25日受台风"艾利"影响发布第一份地质灾害气象预警预报，当年发布了3次预警预报，2006年由于受台风、暴雨的频繁影响，发布警报次数最多，共发布了18次。

由于每年汛期台风暴雨的袭击和人类工程活动日益增加等因素影响，近年来厦门地质灾害发生频率有所提高。统计分析2005年1月至2006年9月在厦门发生的82处不同程度的地质灾害发现，由于厦门受区域地质构造、火山岩石和侵入岩石结构、地形地貌及气候等因素控制和影响，地质灾害主要是崩塌、滑坡、泥石流（以崩塌灾害为主，滑坡、泥石流较少）。每年5—9月是地质气象灾害的高发期，这一时间段也是厦门的汛期和台风季。这表明了在一定的地质结构和地形地貌条件下，造成地质灾害发生的主要原因是以自然因素为主，特别是汛期时出现突发性强降水（暴雨以上）或持续强降水（2天以上）；台风季主要是正面登陆厦门市或在厦门市西南方登陆的台风，影响厦门时风大、雨大，可出现暴雨或大暴雨天气。

诱发地质灾害的气象条件：（a）主要气象因子。降水和大风，其中最主要的是降水，大风影响主要是台风。（b）主要天气类型。台风影响型、暴雨型、连续降水型。其中以台风影响型最多，危害也最大，主要发生在6—10月；其次是暴雨型，主要发生在4—6月；连续降水型最少，主要发生在3—4月春雨季。

1999年10月09日正值天文大潮，上午10时许，数米高的巨浪打在海边的建筑物上

9914杏林湾畔一些房屋在大浪的冲击下于幸存

地质灾害区域划分根据行政区划分为思明、湖里、集美、海沧、同安、翔安。

预警等级根据国土资源部和中国气象局联合划分的标准，地质灾害气象等级和发布分为5个等级：一级（发生概率10%）、二级（发生概率25%）为地质灾害发生的可能性较小，影响轻微，可不对外发布；三级（发生概率50%）为地质灾害发生的可能性较大，在预报发布中为注意级；四级（发生概率75%）地质灾害发生的可能性大，在预报发布中为预警级；五级（发生概率95%）地质灾害发生的可能性很大，在预报发布中为警报级。三级以上的（含三级）在厦门电视台《环境气象新闻》节目发布。地质灾害气象预报预警已成为社会公众和政府部门有效防灾减灾的一项重要公益性信息。

地质灾害气象预警预报业务的具体分工是：由国土资源部门监测地质变化状况；由气象部门监测预报天气变化情况；由国土资源管理、气象两个部门共同跟踪监测、综合研究分析地质与天气的变化信息，共同建立"地质气象灾害（定点）预报系统"，联合向社会公众和政府部门发布"地质气象灾害监测预报预警信息"。开展地质灾害气象预报预警工作，实际是综合了国土资源管理和气象两个部门的技术优势，是对地质灾害发生的趋势作出预测，从而在时间和空间上更有针对性地部署防灾工作，以利于组织和动员社会力量，更好地指导和促进了群测群防。为有效避免和减轻地质灾害给人民生命财产造成的危害，需要认真做好地质灾害调查评价、排查巡查、避让搬迁、群测群防等工作，特别是地质灾害预报预警工作。在电视台天气预报节目和中国地质环境信息网发布地质灾害气象预报预警信息，提醒预警区居民和有关单位防范滑坡、崩塌、泥石流灾害。

地质灾害气象预报预警的作用显著：一是变被动救灾为主动防灾避灾，对地质灾害的防治工作起到了积极的推动作用。以往防范地质灾害多为灾害发生后的抢险救灾和恢复重建工作，通过地质灾害气象预报预警工作，提前转移预报区内的居民和财产，使得地质灾害防治工作更加主动。二是提高了各级政府和社会公众对地质灾害的防范意识。通过电视、广播、传真、短信等媒介发布地质灾害预报预警信息，提醒预警区内的政府和民众加强防范，及时避让可能发生的滑坡、泥石流，使各级政府和广大民众对地质灾害的防范意识大大提高。三是提高了地质灾害"群测群防"的针对性。"群测群防"是国土资源部门在防治地质灾害工作中摸索出的一条有中国特色的防灾减灾措施。地质灾害气象预报预警等级和范围的发布，使"群测群防"工作主要关注预警区内地质灾害的发展动向，突出了防灾工作的重点。四是地质灾害气象预报预警已成为各级政府应急处置突发性地质灾害工作的重要组成部分。地质灾害预报预警信息发布后，为各级地方政府及时启动相应级别的突发性地质灾害应急预案提供了参考依据，为适时组织群众转移避让或采取排险防治措施指明了方向。五是促进了区域减灾联动、社会稳定，体现了党和国家对人民生命财产的关心和重视。

近年来，地质灾害气象预报预警工作虽然取得了一定成效，但是在监测手段、科学依据、基础资料和工作经验等方面都还存在一些薄弱环节，运作机制有待完善，地质灾害发生与地质环境条件和降雨关系研究、地质灾害气象预报预警模型方法研究等需要进一步加强。

厦门农业气象

农业气象业务，是气象部门的传统基本业务之一。1958年中国气象局制订了"提高服务质量，以农业服务为重点"的业务方针。20世纪70年代，国务院提出了"农业需要利用气象，气象必须服务农业"的方针。

厦门气象部门五十多年来高度重视"三农"（农村、农民、农业）的气象服务，积极拓展农业气象服务内涵。从1958年就开展农业气象观测；1975年开始制作发布农业气象旬报；从70年代开始，在全市各乡镇设立了农村气象观测哨，开展农村气象观测和针对农村的气象服务；和有关部门协作，开展农田抗旱试验。进入21世纪后，应用GIS技术完成了第三次农业气候区划工作，指导农业布局；积极推广农业气象实用技术，并派专业技术人员到农村现场指导；利用电视、广播和网站等发布农业气象预报和农业气象灾害警报；建立"气象兴农网"，开辟"电子店铺"帮助农民网上推销农产品并取得良好效果。

1. 厦门农业气象业务的发展阶段

从20世纪50年代后期开始，厦门气象台就组织气象科技人员深入郊区社队，访问老农，学习群众经验，调查农事活动，建立农村气象哨组。开放改革后逐步建立农业气象观测、试验、科研、预报、服务等内容的农业气象业务体系。厦门农业气象工作，大概经历了七个阶段。

1958—1963年初期阶段

1958—1964年在郊区禾山地面站附近开展农业气象观测。随后在粮食、果林、盐业、畜业等重点乡设点，进行气象观测，并试验制作早稻、小麦等播种期预报，为开展农业气象服务打下基础。

1965—1969年普及阶段

在春播治虫期派出服务小组到农林进行现场预报，同时收集整理看天经验，扩大了使用气象科学的社会影响。

1972—1980年高潮阶段

在20世纪70年代初，厦门市气象台组建农业气象组。全市建立农村气象哨58个，老农顾问点128个，有系统地组织小气候观测和分片预报，并且结合作物生长期进行农业气象试验，起到生产参谋作用。

1975年建立的同安县莲花公社气象哨，在1979年底被国务院评为"全国先进单位"，是当时厦门众多农村气象哨的一面红旗。莲花公社地处沿海山区，其地形复杂、气候多样、灾害多发，对此莲花公社气象哨就在3个不同海拔高度的大队、公社茶场建立了4个气象组，形成了分布在山区、半山区的公社气象网，由分管农业的公社副书记挂帅，配备1名农技干部和10个气象员专职从事气象观测、预报工作。5年时间，制作发布气象预测预报

气象业务

资料和农业气象资料15000多份，公社领导和农民朋友根据气象预报资料、气候变化特点和气象哨建议组织安排农业生产，多年夺取丰收。为此，《厦门日报》于1980年1月27日发表《莲花公社气象哨评上全国先进单位——积极做好气象测报工作，为农业生产服务成绩显著》的报道文章。

1977年厦门市气象台编印《老渔民何明坤看天气》。1979年厦门同安县莲花公社农科站气象哨、莲花公社茶场专业气象哨编印《同安县莲花公社农业气象试验成果汇编》。

厦门市郊农村的主要农作物是水稻、花生、糖蔗。市气象台农业气象科技人员深入农村，把农作物栽培试验气象基地建立到社队气象哨，形成"制作农业气象预报"、"提供农业气象资料情报"和"开展农业气象技术服务"等"一条龙"农业气象测报服务网络，成为农业领导部门指挥生产的得力参谋。

1983年市气象台农气组下乡开展春播服务

1985年6月，农业气象人员正在观测菠萝生长情况

1981—1985年巩固阶段

按照地域气候代表性选择11个气象哨陆续完成科研项目有：水稻防三寒指标鉴定，花生、甘蔗的丰产播种期试验，另外在狐尾山顶进行西瓜、柑橘、龙眼等果树和林木混种的高地栽培。取得的成果被省、市农业领导和有关科研的采纳推广。

1982年12月厦门市郊区（杏林）农业区划办公室编印《厦门市郊农业气候资源和区划》。1984年同安县气象站编印《同安县农业气候资源和区划》。

1986—1992年试验研究与成果推广阶段

1988年厦门市农业区划办公室编印《厦门简明综合农业区划数据资料（气候资源部分）》。

1989年厦门市气象局完成了《厦门市农业气象气候资源和区划》和《厦门市农业气象气候资源区划汇总》两个课题并通过福建省气象局、厦门市农业区划办公室的联合鉴定、验收。

1990年12月，厦门市气象局与市农业区划办公室游火忠、林文旺、陈泽面、卓金玲等同志合作编写并印刷《厦门市农业气象经验集》（其内容包括四大部分：二十四节气与农业生产，三象（天象、物象和海象）预测天气，厦门市天气谚语，厦门市自然灾害简况。

1992年12月，厦门市农业区划办公室游火忠、市气象局林文旺共同完成《厦门市农业气候资源与主要作物关系研究》（该成果荣获"厦门市1992年度科技进步三等奖）。该成果总结厦门地区农业气候实践经验，在调查厦门地区农业气候资源、探讨其与农作物生长发育关系的基础上，为广大农村干部和农民运用气象科学知识指导农业生产、科技兴农、优化资源配置，发展"两高一优"农业提供科学依据。主要论述厦门地区寒害、洪涝、干旱等农业气象灾害

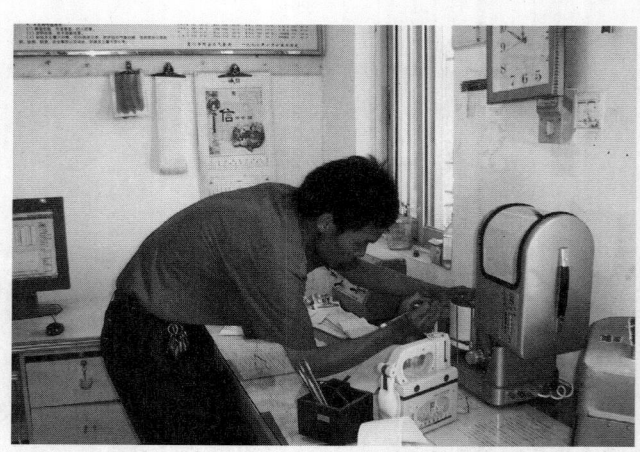

同安区气象局工作人员正在调试气象设备

成因，对其构成气候特点、危害程度、防御措施等进行概括性叙述；三是研究叙述厦门地区主要农作物水稻、果树、蔬菜生育期所需的气象指标，特别是应用历年来农村气象哨农业气象试验成果，分析气象要素与主要农作物生产关系，便于农户掌握和运用气象知识而指导农业生产。

1993—2006年农业气象转型、深化阶段

根据20世纪90年代初期厦门积极引进动植物优良品种（农、牧、渔等新品种、新技术），大力发展大农业、农业科技的新形势，农业气象业务的重心随之调整，进入"转型、深化"阶段。

一是积极开展对虾养殖气象条件的试验研究，包括研究不同气象条件与对虾生长海水环境、养殖密度、投饵量、病害等之间关系与影响。

二是开展花生栽培、生长过程的跟踪气象服务。为农民选择适宜播种期、创高产提供农业气象技术服务。

三是开展龙眼树开花、结果与气象条件的试验、研究，指导农民改善龙眼树的果园小气候、根据天气变化采取农技措施预防气象灾害等，减少落

2003年5月22日科技下乡马巷田间分发气象科技宣传材料

花落果，提高龙眼产量和品质。

四是指导菜农选择适宜天气和农业气象技术，对花菜、大蒜、芹菜、番茄等蔬果实施科学的栽培管理。

2007—2009年建设生态农业气象保障系统阶段

2007年厦门市气象工作会议提出：启动"生态和农业气象轨道"建设，开展主要作物病虫害发生发展气象等级预报和农业干旱综合监测预报服务，尝试发布主要作物产量预报。农业受天气影响最大，农业的年景收成，基本上取决于天气气候。借助卫星遥感等精确探测手段，掌握常年天气气候与农作物收成的关系，通过预测今年的天气气候，预测叶绿素的浓度，分析农作物的长势，通过基本趋势规律，能够预知今年的作物收成。为适应厦门建设社会主义新农村的需要，建设生态农业气象保障系统。

科普大篷车

同时，积极开展气象科技"进农村"。新世纪农民种田种菜，靠天吃饭，最怕的就是遇到低温、冰雹、台风等灾害性天气。厦门同安郭山村一村一品的拳头品牌"紫长茄"，也会因为低温、冻害而造成减产。2009年5月15日，厦门市气象局组织农业气象专家、防雷专家、以及气象科普讲解员，带着"气象防灾减灾知识"、"农业气象咨询"、"气象科普讲解"，携手厦门市科协"科普希望快车"，共赴厦门市同安区郭山村，为农民兄弟送上现场气象科技咨询服务。市气象局的向农民兄弟面对面传授农业气象知识以及防灾减灾常识。

2. 厦门农业气候资源

厦门属南亚热带海洋性季风气候区，具有气候温暖，光热资源丰富，雨量适中，干湿季分明，季风影响显著，光、热、水同期及全年几乎霜日期等气候特点，对发展农业十分有利，同时由于山区、平原、沿海地形差异大，形成了不同的小气候特点，有利于发展多种农业。改革开放以来，厦门城市化进程得到了快速发展，导致农业不断退缩，农业结构也有了很大的调整，由原来的粮食生产为主转变为以经济作物为主的农业。

农业热量资源丰富，生长季长，温度有效性高。日平均气温稳定通过10℃的初、终期以及持续日数和初终期间的活动积温是衡量某地作物生长期长短以及提供农业利用热量多寡的重要标志。10℃是喜温作物生长的起始温度，稳定通过10℃的初日是喜温作物开始生长期，终日是喜温作物停止生长期。

厦门常年年平均气温，内陆山区在16℃左右，沿海在21℃左右；最热月7月平均气温，内陆山区在23℃左右，沿海在28~29℃左右。厦门同安常年平均气温21.1℃；年平均最高气温25.6℃，年平均最低气温17.9℃，日平均气温10℃的年活动积温7646.7℃；最冷月的1月平均气温13.1℃，平均最低气温9.6℃，极端最低气温-1.0℃，出现于1967年1月17日；最热月的7月平均气温28.4℃，平均最高气温为32.6℃，极端最高气温39.0℃，出现于2003年7月26日；常年日平均气温低于10℃的日数9天，大部分年份没有出现连续5天或以上日平均气温小于10℃的时段，约为每4年一遇。随着全球气候的变暖，近十年只有2004年出现连续5天或以上日平均气温小于10℃的时段，即2004年1月20—27日。厦门岛内常年平均气温20.9℃；年平均最高气温24.8℃，极端最高气温39.2℃，出现于2004年7月20日；年平均最低气温17.8℃，极端最低气温1.5℃，出现于1991年12月29日；最冷月的2月平均气温12.5℃，月平均最低气温10.0℃；最热月的7月平均气温28.0℃，月平均最高气温为32.3℃；常年日平均气温低于10℃的日数14天，近十年日平均气温低于10℃的日数减少到9天/年；日平均气温10℃的年活动积温7396.5℃。

表16　厦门常年各月平均气温表

单位：℃

月份	1	2	3	4	5	6	7	8	9	10	11	12	平均
岛内	12.6	12.5	14.7	18.9	22.7	26.0	28.0	27.8	26.3	23.2	19.1	14.8	20.9
同安	13.1	13.4	15.6	19.8	23.4	26.4	28.4	28.2	26.6	23.6	19.5	15.2	21.2

农业水分资源：厦门受季风环流影响，降水较丰沛，但空间上和时间

上分布极不均匀。受地形影响，厦门降水量呈东南向西北递增趋势，沿海较少，内陆山区较多。沿海地区年平均降水量一般在1100毫米左右，中部丘陵在1400毫米左右，往北莲花、汀溪等地区年降水量在1600～2000毫米之间。厦门约有85%的雨量集中在3—9月的湿季中，3—4月的春雨占18%左右，5—6月的梅雨占29%左右，7—9月台风季降雨占38%左右。厦门岛年平均降水量为1315.2毫米，8月最多，为205.0毫米，12月最少，为31.9毫米。从季节分配来看，厦门春雨季降水量265.9毫米，占全年的20%；梅雨季降水量349.4毫米，占全年的27%；台风季降水量473.2毫米，占全年的36%；秋季降水量80.2毫米，占全年的6%；冬季降水量145.6毫米，占全年的11%。年际变异大，多则洪涝，少则干旱。1953年以来厦门岛最多年降水量1998.6毫米，最少年降水量747.2毫米，前者是后者的2.7倍；1956年以来同安最多年降水量2296.4毫米，最少年降水量1030.8毫米，前者是后者的2.2倍。

厦门水分收支总体有盈余，山区多于沿海。以厦门岛为例，平均年蒸发量（口径60厘米的大型蒸发皿观测值）为1209.2毫米，年降水量比年蒸发量多106.0毫米；但月际差异较大，其中3—9月降水量多于蒸发量，特别是4月、6月、8月将近多出2倍，冬半年的10—2月蒸发量多于降水量，尤其是10—1月蒸发量远远大于降水量，所以厦门地区易发生秋冬旱，直接限制农作物对降水的有效利用。

光资源：厦门境内平均年日照时数在1560～2230小时之间，为可照时数的42%～51%之间，山区明显少于沿海。一年中各季日照时数有较大差异，下半年明显多于上半年，其中盛夏的7—8月最多，平均每天7.5小时左右，冬末春初的2—3月最少，平均每天仅3.5小时左右。厦门岛平均年日照时数为1953.0小时，1953年以来最多的是1963年，为2639.0小时，最少的是1997年，仅1613.3小时；其中上半年为757.7小时，下半年为1195.3小时；7—12月较多，各月均在160小时以上；1—5月较小，各月不足140小时；7月最多，为248.0小时，2月最少，仅99.0小时。同安平均年日照时数为1934.4小时，最多的是1963年，为2636.5小时，最少的是1984年，仅1553.1小时；其中上半年724.7小时，下半年1209.7小时；7月最多，为241.4小时，2月最少，仅95.4小时；7—12月较多，各月均在170小时以上；2—4月较小，各月均不足120小时。

厦门年太阳辐射在4982～5070兆焦耳/米^2，其中7—8月最多，各月在580～636兆焦耳/米^{2}之间；11月至翌年3月较少，各月平均在280～365兆焦

耳/米²之间。

3、主要农业气象灾害

影响厦门农业生产的气象灾害主要有与温度有关的寒害以及与降水有关的干旱和洪涝。

春寒

春寒是厦门农业生产气象灾害之一，主要是对春播和春种造成的危害。春寒就主要农事季节而言，可分为早春寒和晚春寒（即倒春寒）。

春季南方暖湿的海洋气团与北方较干冷的变性极地大陆气团在华南地区相互交绥，相互消长，当冷暖气团势力相当，交界区的锋面在华南地区上空南北来回摆动，造成厦门天气阴晴冷暖变化频繁；当锋面较长时间维持在华南地区上空时，厦门易出现长时间低温阴雨天气，若气温较低，有可能发生春寒天气过程。气象学上，春寒发生在2—3月10日，日平均气温≤12℃，维持期≥3天，称早春寒；3月中下旬日平均气温≤12℃，维持期≥4天，或4月上旬，日平均气温≤12℃，维持期≥3天，称为"倒春寒"。春寒根据天气类型不同，分为晴冷型、阴冷晴冷混合型和阴冷型三种，最后一种对春播春种造成的危害最重。

倒春寒是早稻播种、育秧期的气象灾害。倒春寒容易导致严重烂秧烂种，不仅损失良种，耽误播种插秧季节，还会打乱生产布局，造成农事季节的被动。据同安气象局有关气象资料记载，1956年以来，发生倒春寒的年份有1957年、1970年、1976年、1985年共四年，占8%；其中最迟的是1985年3月30日—4月1日，持续时间最长的是1970年3月11—15日连续5天低温阴雨天气，属有气象记录以来最严重的倒春寒年份，造成严重的烂种烂秧，仅同安马巷镇桐梓村就烂种达500公斤。又如1978年3月19—24日连续6天的"倒春寒"天气，同安马巷镇山亭村就烂秧达3000多千克；新店镇溪尾村烂秧2000多千克。随着全球气候变暖，"倒春寒"出现几率不断下降，据同安气象局的气象资料统计，自1986年来未出现"倒春寒"天气过程。

秋寒

秋寒也叫寒露风，是影响晚季稻安全齐穗的低温。寒露风是入秋以后，北方冷空气南侵造成的临界降温现象。据农业气象试验提供的数据和多年来农业实情与气象观测记录的相互印证，以日平均气温≤20℃，维持期≥3天的初始降温现象称寒露风，标志日期以第一天为准，也称为"20

型"秋寒,若日平均气温≤23℃,维持期≥3天的初始降温现象,称为"23型"秋寒。秋寒会影响晚稻扬花授粉,造成空秕粒大量增加,早而重的秋寒年份,会造成晚稻不扬花、不授粉,甚至绝收。厦门寒露风受海拔高度的影响,其气候分布是山区早于沿海,沿海平均日期在11月上旬,山区平均日期在10月下旬,过程的平均长度在4~5天。

从同安气象局气象资料统计,1956—1981年共有8年寒露风严重影响晚季倒种春稻抽穗扬花,占30.8%;严重危害晚籼稻抽穗扬花有14年,占53.9%;受寒露风危害年份中,致使同安全县晚稻平均亩产减产有10年,占38.5%,中稻平均亩产减产有12年,占46.2%。

干旱

厦门各地常年雨量在1100~2000毫米之间,但有年际的不均性,季节间的差异性和季内雨量分布的脉冲性,所以干旱比较频繁。按季节可分为春旱、夏旱、秋旱、冬旱,其危害性以夏旱为大,春旱次之,秋冬旱相对为小。

农业干旱与气象干旱有其相同性,也有不同性。气象干旱仅用降水量多少与时程分布来定义;而农业干旱不仅与降水情况有关,还与土壤底墒、灌溉条件以及农时季节、作物品种、抗旱能力等许多因素有关。厦门气象干旱几乎年年都有或轻或重的出现,秋冬季出现大旱至特旱的次数要比春季或夏季的大旱至特旱的几率高;干旱程度各地不尽相同,离山区越远越重,夏季差别极大,春季差别较小,而秋冬季几乎没有差别。对厦门农业生产影响最大的是夏季大至特旱,秋冬连春季大至特旱,也会对农业生产造成严重威胁。如1962年11月13日至1963年6月10日长达200天未下一场透雨,总雨量只有常年的30%,造成早稻无水插秧,或插秧后无雨,禾苗枯死,春花生无法下种,全市农作物受旱面积达40万亩,有80%水井干涸。又如1990年至1991年秋冬连春旱,近8个月同安降水量279.1毫米,仅常年四成,5月底同安西溪干涸断流,旱情极期严重,同安县农作物三分之二以上受旱,24万多亩早稻、花生及其他作物受旱,农田龟裂,禾苗枯黄,近2万亩作物绝收。

暴雨洪涝

厦门常年平均暴雨日数4.7天,全年各月均有可能出现暴雨,但主要集中春夏两个季节。1953年以来,年最多暴雨日数为11天,出现于1990年;1964年、1970年、1982年未出现暴雨。日最大雨量315.7毫米,出现在2000年6月18日。暴雨日分散就不易形成洪涝,而有的年份暴雨集中在几天内连续并发造成洪水泛滥成灾，如1956年9月18—20日台风暴雨，引发同安的特大洪水，就同安县有12个镇149个村受灾，被淹死或房屋倒塌压死17人，房屋倒塌5128间，晚稻受灾20445亩，公路桥梁冲毁12处，塘坝冲毁73处，渠道327处，渡槽7处，溪岸617处，海堤260处。

厦门暴雨洪涝多发生在5—6月份的梅雨季和7—9月份的台风暴雨期。春季秋季的个别暴雨也会引起洪涝灾害，如同安县1973年4月22日24时左右至23日10时55分沿海特大暴雨，引发山区山洪暴发，平原积水成涝。2007年6月5—10日厦门连续6天普降大雨到大暴雨，大部分地区总降水量在300毫米以上，造成了低洼处的道路、农田、房屋、仓库等大面积严重受淹。同时由于农田土壤水分长期处于饱和状态或积水，使蔬菜遭受渍害，还因土壤水分饱和时，土中缺氧，使蔬菜生理活动受到抑制，影响水肥吸收，导致根系衰亡，蔬菜生产受损严重；据《厦门晚报》报道仅集美区灌口镇就有5000亩的蔬菜受淹绝收。2007年8月15日受低涡切变影响，厦门普降暴雨到大暴雨，9～10时仅1小时同安达44.3毫米，豪雨使同安区5635亩农田受淹，直接经济损失达155.9万元。

台风

直接或间接影响厦门的热带气旋平均每年3.6个，大多数年份都有一个较严重的热带风暴或台风影响，也有一些年份台风会正面袭击厦门。5—10月厦门都可能出现热带气旋影响，但主要出现在台风季即7—9月，占全年的72%，其中8月最多，占全年的30%。1956年以来，影响厦门最早的热带气旋是2006年5月16日登陆广东澄海0601号"珍珠"台风，也是1949年以来5月份登陆我国最强的台风之一，受其影响，厦门出现大风大暴雨天气过程，给厦门造成6220万元的直接经济损失；影响厦门最晚的热带气旋是1972年11月7日登陆广东电白的7220号台风。台风引发的暴雨往往造成内陆山区山洪暴发，沿海冲积平原低洼地发生内涝，破坏性很大，直接影响农业生产，但又常使夏旱得以解除或缓解，促进农业生产。如1959年8月23日第3号台风在厦门附近沿海登陆，厦门建筑物被摧毁、倒塌38.5%，电杆被吹倒、倒不计其数，大量农田受淹，死亡571人，伤915人，5万人无家可归，数天后仍惨状可见，总损失达3391万元。

4. 厦门小气候类型和区域

根据小气候分区依据及农业生产布局确定两大类型小气候：即地形小气候和植被小气候。

地形小气候

根据厦门市20世纪90年代前的地形地势状况，划分三个小气候类型区域。

东南部沿海、平原小气候区：主要包括海岛和沿海岸线的镇辖区。该区域与内陆山区、半山区相比较，具有气温日变化、年变化小，降雨量少，日照时数多，风力大的气候特点。由于水体的热容量大，而且热交换较为强烈，因而增热时有大量热能由水面向下层传导，同时在水面上蒸发耗热极大。在白天受热期间，大量的热能消耗于水面蒸发，所以温度上升缓慢；夜间有大量的热能自下层上传，补偿水面辐射损失，使温度下降不致过低，因此水域上方温度变化幅度远比陆面小。水域上的温度变化缓慢，还表现在温度的年变化上，夏季水域上的气温比陆地上的低；冬季则比陆上的气温要高。该区域距离海洋最近，受海洋影响也最大，气温日变化和年变化较内陆要小。受地形地势影响，该区域降水较少，在1100～1400毫米左右。

中部丘陵、台地小气候区：主要包括厦门中部的镇辖区。该区域主要气候特征表现为：由于较远离海洋，受海洋影响减弱，气温日较差和年较差较大，白天最高气温通常高于东南部沿海、平原小气候区，夜间最低气温通常低于东南部沿海、平原小气候区；受地形地势影响，年降水量比东南部沿海、平原小气候区多，湿度也较大；该区域地势较宽广，受太阳照射时间较长，实照时数多，且强度强；较远离海域，且受丘陵影响，风力较小。

西北部山地小气候区：主要包括山区和靠山地区的镇辖区。该区域是厦门气温最低的区域，受山峦重叠影响，日照时间短，吸收太阳辐射少，且海拔高，所以气温较低，日照时数也较少；厦门地势西北高东南低，呈西北向东南倾斜趋势，形成降水自东南向西北递增趋势，所以该区是厦门降水量最多的区域，湿度也是最大的区域；由于远离海域和受山的阻挡作用影响，风力小，风向多变。

植被小气候区

根据厦门90年代厦门植被的分布和农业生产情况划分为以下三个小气候区。

农田小气候：主要指海拔100米以下的水田和农地种植粮、油、糖等农作物所构成的小气候。

山垅田小气候：指海拔100米以上的盆地、谷地、沟地等农田所形成的

小气候。

近水域小气候：主要指在水库、沿海岸线的马銮湾、杏林湾等近临水域的小气候。

5. 厦门农业气象（物候）部分谚语

冬日生须雨水滴，夏日生须田迸裂。
正月有三亥，田圩变成海。
四月初八雨，有花结无籽（指龙眼、荔枝开花、结果少）。
五月初五雨，六月脱体收冬（脱体：赤膊。收冬：收成）。
六月有壬申，七月有秋淋。
九月雷，猪仔捉来锥（锥：杀）。
九月立冬割空空，十月立冬田头红。
夏至西北雨，水田硘作路。
雷打夏，无水硘洗犁耙。
秋雨喷喷，恰赢下三遍粪。
大暑不暑，无米硘煮。
前月雨落廿八九，下月拿戽斗。
异地换好种，省肥好收成。
地爱锄铲，田爱打烂。
好秧恰赢好嫁妆。
二月清明你免赶，三月清明你莫懒。
六月立秋紧溜溜，七月立秋秋后游。
播田播过秋，收成面忧忧。
立夏过，播无田税。
早稻草恰肥死狗。
头次如陈三磨镜，二次如鲤鱼滚水，三次如关公巡城（指水稻中耕方法）。
插秧如赶考，田管如打索（索：绳）。
芒种插薯百分百，夏至插薯一千折八百。
霜降，番薯土下月共（月共：长大）。
甘薯，施好寒露肥，灌好霜降水。
番薯番薯，翻翻锄锄。
早麻四月八，晚麻五日节。

四月种麻正当时,五月种麻已恰迟,六月种麻听某意。
立春接桃李,惊直接梨柿,
桃接李,生到死;李接桃,拢总无。

民间天气谚语

云盖中秋月,雨淋上元灯;雨淋上元灯,日晒清明种。

小寒不寒看大寒,大寒不寒人马不安。

四月廿六北风吹上山,有钱无处买粟壳;四月廿六南风吹人海,米粟恰俗屎(俗屎很便宜);四月廿六雨那滴,早粟椿无米,龙眼开花结无籽。

九月出虹,麦仔结归令(归令:大穗);十月出虹,麦仔收无种。

春己卯风,树上空(树上空:多风);夏己卯风,水内空(水内空:少鱼);秋己卯风,禾头空(禾头空:晚稻失收);冬己卯风,栏内空(栏内空:六畜不旺)。

春丙寅大日光,无水嗵插秧;夏丙寅大日光,晒死秧;秋丙寅大日光,干粟入仓;冬丙寅大日光,牛羊黄酸(黄酸:瘦小)。

春甲子雨,赤土千里;夏甲子雨,摇船入市;秋甲子雨,禾生双耳;冬甲子雨,牛羊冻死。

夏至雷,白到垂(垂:螟害白穗到勾头);夏至雷,割稻穿椶蓑(棕衣),插秧兼担水。

芒种晴,入菇林;芒种雨,晒死芋。

水浸(阳雀)叫在清明前,高山顶上好种田;水浸叫在清明后,水田好种豆。

早薯双手扛,早豆涨破缸,早麦椿无糠(饱满)。

冬至前犁金,冬至后犁银,清明前犁铁。

前后岸无剥光,好像田园放抛荒;田岸剃光光,五谷堆满仓。

春放水浮,允会料牛;春斜允竖,春浅允深;十春五允,三支半大冬(指插秧枝数);春跟水起,允跟水死(春指早稻,允指晚稻)。

雨渥秋,加倍收;雷打秋,对半收。

立冬种油菜,小雪种小麦,大雪种大麦。

早薯插南风,晚薯插下口方(下口方:晚上);早薯插过立夏,产量日日低;晚薯插过立秋,产量日日缩(缩:减少)。

六月吃蔗扮,七月口母吃坎羼,十二月甘蔗透尾甜(蔗扮:未熟,坎羼:傻瓜)。

气象业务

厦门盐业气象

厦门市同安区海盐生产历史悠久。海盐制作法历史上有过煎法、晒法两种。大致元朝前半期单用煎法，元朝后半期，煎晒两法并用。从明清两朝至今，则单用晒法。所谓煎法，即是退潮以后，沁入土中的盐卤经过烈日暴晒，结出白色盐花，把这些盐花刮取下来，填入卤丘中，又取海水淋化这些盐花成卤，并使之循芦管注入卤丘底下的淄池中，以能浮上鸡蛋或桃仁为可用之卤，然后泻卤于灶上之盘，以火煎煮成盐。大约一昼夜大盘可煮盐二百斤，小盘可煮盐百把斤。所谓晒法，先引海水入沟或井，灌入第一土埕，晒一日，入第二土埕，又晒一日，最后灌入片埕结晶成盐。大致春秋两季，三四日可出盐一次，冬天四五日出盐一次，只有夏季一日可出盐一次。不论煎法或晒法，盐业生产都和气象条件有很大的关系。为了促进盐业生产的发展，同安盐管处从1958年开始，就在各盐田，即新店东园、大嶝、莲河、欧厝、浒厝等地，设立气象观测点，开展日照、温度、风力、风向、降水、蒸发量等气象要素以及阴、晴、雾、雨等天气现象的观测记录。一直到20世纪90年代末，形成一整套气象特征和盐业生产的关系结果。通过40年的观测记录对比，发现以上各气象因素均随着一年四季的变化而变化，从而使海盐生产也随之产生淡季旺季的规律性变化，出现桃花汛、麦头汛、六月汛、秋汛、冬汛、霜风汛等六个汛期。各汛期的出现季节和气象特征及其与盐业生产的关系如下。

1. 桃花汛

在立春、雨水、惊蛰、春分四个节气之间，属于平产季节。在这季节中，正常的气候三至四级的东北风、东风、东南风及南风回暖。但会遇到春霜而形成的"桃花汛"小旺产。这还要霜风时间长短适宜，即"一日春霜三日雨，三日春九日晴"。这个季节搞生产要有长短晴天两套准备，灵活掌握。这个季节的变化预兆是"春暖晴，晴寒雨"，"春看山头（即山头积云雨即来）、冬看海口"，"春报头，冬报尾（春季风头雨、冬季风尾雨）"，"雷响惊蛰日，雨落四十九"，"雷响未立春，百日不出门"，"惊蛰无照火（出日），寒到五月尾"。这些预兆可帮我们分析天气变化，生产上采取对策，灵活运用长短晴天的两套准备，严防突发性的灾害袭击。

2. 麦头汛

出现在清明、谷雨两个节气，这个汛期比较不稳定；在盐业生产上是初入淡季，经常出现春分节气开始有雾。"麦头汛"的出现是有预兆的，如果农历二月十九日出现东北风二至三级，天气晴朗，这个节气连续东北风就多，从而形成连晴天的麦头汛。历史上曾出现从麦头汛连晴到"四月瘦北"而旺产。若不这样，相反的是阴雨天多，即使有晴也短晴而已。在这种情况下，要坚持高浓度灌地，量卤开晒，不浪费一个晴天，巧用天时，达到由淡变旺。

盐业的淡产季节是在立夏、小满、芒种、夏至、小暑等节气。这段时间正值黄梅雨季节（同安叫芒种雨），本地区的梅雨季节一般从5月10日左右开始，至6月15日前后结束。这期间逐渐由低温进入高温。虽处在梅雨季，但也有出现"南风天"晴朗和二至三级东北风的"四月瘦月"、"五月龙船北"的短晴天，必须敢上敢卸，钻空巧洒。同时集中力量维修滩场，迎接旺产。

3. 六月汛

在大暑、立秋节气。有时会延至处暑。这是本地区阳历7月气温最高期。遇到旱天，形成高温时不再来产，必须采用高温操作但也经常碰到台风早到，雷雨频繁，既是夺盐季节，又是台风阵雨多发生的季节（台风对厦门威胁较大的是七八月份，占全年登陆次数的60%以上）。这段时间掌握气象预兆是观察农历六月初三是否降雨（六月初三雨，七十二云头），当天如果下雨，就会经常出现阴雨天气。这个季节如出现西北响雷，预示午前常有雨，响雷连接又紧随出现"关公眉"（云的形状），就会风雨齐来，出现大雨或暴雨，就要做好"三防"工作。另一个根据"台旬"来预测分析天气。台风与降雨是有密切关系的，同安谚语有"六月无台，雨下不来"的提法，又有"六月响雷好晒草"，"六月一雷止九台"，说明六月打雷就没台风，没台风就不下雨。盐业生产掌握运用当地的天气谚语的经验是很有益的。这段时间还会出现大暑潮位低，要提前备足海水，以免低潮缺水影响生产。

4. 秋汛

期在处暑、白露、秋分、寒露、霜降、立冬等节气。秋汛期长，是产盐的黄金时期，气候转折也不同，在产盐工艺上应采取两种管理方法。

处暑、白露、秋分三节气还处在高温期，经常出现大暑热，处暑热更甚，在生产上切勿放松高温操作。秋季常会发生秋霖，"六月无壬申，七月无秋霖"这谚语的意思是农历六月份所属日子没有"壬申"日的，七月就不产生秋霖。遇上秋霖旺产就会中断，谚语虽这样说，却不能呆板硬套。如无秋霖，天气早西（风）晚东（风）是属正常气候，要全力搞生产。白露夜晨露水比较多，切勿薄晒或留余卤制盐，以免露渣溶盐或成低质盐；早上须待露水蒸发后才旋盐。另一方面，这时期还有秋西北、雷阵雨，都在傍晚出现，应注意抢收和保卤。应该注意的是这段时间有秋汛大潮和台风的威胁。历年潮位最高的是秋分节气，如遇西北风则潮位会更高，台风也时有发生（福建在阳历9月台风登陆有影响占全年24.1%），要注意"两堤"的安全。

秋分、寒露、霜降、立冬这段节气，是稳定的秋汛旺季，南风结束，由东南风转入东北风季节，日夜都会蒸发，有利于露天生产。应抓紧投入旺产。农谚有"六月立秋播秋前，七月立秋播秋后"、"六月立秋冷得早，七月立秋冷的迟"。这告诉我们如果立秋在六月，秋汛要抓早；七月立秋秋汛会延长，这期间盐业生产在工艺上要执行高温操作，不能认为气温逐渐下降，放松适当深卤和旋盐操作而造成产品质量下降。

5. 冬汛

在立冬、小雪、大雪、冬至节气中，属平产季节。这期间，气温下降到14～20℃的低温气候，要坚持高浓度灌坎，适当深卤，老卤要撤干赶净，搞好"三清"操作。旋盐不能放松，才能保证盐白质优。在这段节气中，常有五六级东北风，但在"十月小阳春"期间天气里，夜间风静有露水，蒸发缓慢；若遇突然刮东北风，则蒸发由弱变强。处此情况，在制卤上要注意掌握这种变化，在结晶上则须控制卤台，以利续卤。适应天气变化，更不能留余卤或软卤灌坎，造成低产劣质。这个节气有时也会产生"烂冬"天气。"烂冬"有先兆，即气候温暖，海口积云缓缓上升而降雨，就要注意抢收。抢收后就要加强现场管理，以防止转晴后东北风蒸发量大，留余卤产生针盐（硫酸镁）。"烂冬"却也预示来年春雨迟，即"烂一冬，干一春"，好作明春生产安排。

6. 霜风汛

在小寒、大寒节气。这段节气比较稳定，经常是二至三级的东北风，傍晚日落有红霞，底部有茫茫风雾，即有霜。为防止产针盐，应采取必要的换卤或加卤措施。如果农历十二月出现南风，所谓"十二月无善南"，会下雨，也即"十二月南风现报"。霜汛期如果拖到立春，出现春雨来迟并和桃花汛相连接，则新年可形成生产开门红。

人工影响天气

厦门市地处东南沿海，属于沿海地区少雨地带，年均降雨量约1300毫米，但时空、地域等分布很不均匀，4月至10月的汛期降雨量占全年的80%，年均雨量山区近2000毫米，沿海只有1000毫米左右。旱情对农业影响最明显，厦门市农业生产主要在同安区和翔安区，以同安气象局近50年气候资料统计，每年出现一次大旱或特旱的可能性高达79%，小旱中旱更是年年发生，可谓十年九旱。

1979年8月9—29日首次在同安进行三七高炮发射碘化银人工增雨弹679发，人工增雨作业15次，历时20天。此次人工增雨累计雨量最多点汀溪水库达158.6毫米，有效缓解了旱情。

1980年6—7月，夏旱50多天。7月5—7日在驻军93师的支援下，在同安汀溪半岭村实施人工降雨作业，发射碘化银炮弹132发，降雨60毫米。

1991年6月7—20日，实际增雨作业4天，共发射碘化银炮弹1391发；8月又作业1次，发射碘化银炮弹36发。两次增雨作业取得了很大成效，缓解了旱情，水库库容明显增加，保证下半年的农业等用水。

近年来更是连续遭遇严重旱情。如同安区自2001年10月至2002年4月，总降水量只有142毫米，不足常年同期的三分之一。2003年夏季高温干旱，接着又出现秋冬连旱，并发展成特旱，2004年上半年降雨量仅540毫米，比常年减少近四成，同安、翔安两区旱情尤为突出，造成水库蓄水严重不足，影响到工农业用水，甚至威胁到生活用水，使得抗旱问题一直成为政府和社会近年关注的焦点之一。政府急，农民急，气象工作者更急。为此，在省、市、区各级政府的领导下，各有关部门与人工增雨指挥人员密切配合，抓住有利的天气条件，近几年继续开展了高炮增雨和火箭弹增雨作业。增雨效果明显，极大缓解了旱情，取得了明显的社会效益、经济效

气象业务

益和生态效益。如2002年开展了两轮6次的高炮增雨作业,发射高炮增雨弹694发。取得了很好的效益。但同时也看到高炮增雨作业的难处。一是要求准备时间长,一般需准备2~3天;二是增雨现场动用人员多,需部队炮手16名(两门炮)、部队指挥员、省市人影气象专家、地方领导、现场协调指挥员、司机、后勤人员等40人以上;三是空域净空要求时间长,一般为5~10分钟,这在我区地处厦门机场边的地带是很难满足的,一般都要等到后半夜,经常会错失天气良机;四是需动用大量的物力、财力,如部队官兵的卡车、大炮及大量的后勤、安全保障工作人员的装备、车辆等,耗费巨大。通过大量调研及实践证明,在厦门市使用目前较为先进的BL—1型增雨火箭弹增雨最合适,其优点:一是机动灵活,准备时间短,指令下达到现场只需一个小时左右;二是增雨现场需要人员少,一般只需4人;三是空域净空要求时间短,只需1~2分钟,作业机会多,一般只要出现有利的云层条件都能增雨作业;四是可节省大量的人力、物力、财力,现场耗费只需原来的十分之一。因此从2003年开始均采用了发射火箭弹人工增雨作业。

2003年8月4日火箭弹增雨作业首战告捷。0309号台风(莫拉克)在晋江登陆,有利增雨作业云层进入我区东南方上空,2003年8月4日中午14时接市人工增雨总指挥令,同安现场作业组四发增雨火箭弹直射积雨云中,首次发射成功。发射10分钟后,现场的雨渐渐大了起来,不一会儿就下起

人工增雨

利用火箭炮进行人工增雨作业

了倾盆大雨。当夜再次发射火箭弹4发,此次增雨后,同安过程雨量118.4毫米,最缺水的马巷、新店、大嶝一带过程雨量均在100毫米以上,而没有增雨的杏林、海沧、东孚等市郊只有20毫米左右。同安大小水库正好满库,旱情彻底解除。在场的区长、副区长及防汛指挥部等领导十分满意,盛赞气象科技的作用,称赞人工增雨是实践"三个代表"重要思想的最好体现。

  2004年由于上半年春雨少、梅雨空,水库库容仅为常年正常库容的四分之一。旱情再度发生,气象部门抓住每次机会不放过,有效增雨14次,有11次均在大雨以上。如7月7日16时47分和20时15分在白沙仑作业点,两轮增雨作业,共发射火箭弹6发,增雨效果明显,同安区7月7日14时至8日8时降雨量达97.9毫米,汀溪、竹坝、溪东、河溪、小坪、莲花等水库均在45～50毫米之间。从增强云图及雷达图可见,强降雨区从增雨作业后至半夜近十个小时内一直维持在我区上空。此次增加降雨量在一倍以上。

  由于气象部门不失时机地抓住每次降雨天气

气象业务

过程开展人工增雨，使原本干旱晴热的2004年7月份降雨量达232.4毫米，比常年同期增加近三成，有效地增加了水库库容，改善生态环境，缓解了旱情，有关领导十分满意，省、市领导对此给予充分肯定。

2007—2009年6月气象局与市环保局合作，把应急抗旱增雨和净化城市空气质量相结合，以净化厦门岛城市空气质量为主要目的，抓住每次天气过程，开展人工增雨作业，取得了较好的效果。

空气污染气象业务

素有"海上花园城市"美称的海岛厦门，于2004年获得联合国颁发的最佳"人居奖"，被誉为"最温馨的城市"、"最适宜居住的城市"。环境优美、空气清新、气候宜人，是厦门的一张名片。因此，厦门市政府尤为重视环境空气质量，厦门空气污染气象业务得以在全国发展较早，是全国最早开展空气质量预报的重点城市之一。

空气污染是指因人类的生产和生活活动使某种物质进入大气，使大气的化学、物理、生物等方面的特性改变，影响人们的生活、工作，危害人体健康，影响或危害各种生物的生存，直接或间接地损害设备、建筑物等现象。

空气污染的污染物有：烟尘、总悬浮颗粒物、可吸入悬浮颗粒物（浮尘）、二氧化氮、二氧化硫、一氧化碳、臭氧、挥发性有机化合物等等。我国目前规定评价空气质量必须依据的污染物有三项——二氧化硫、二氧化氮、可吸入悬浮颗粒物（漂尘），这是根据全国城市污染情况及现有技术水平而确定的。随着这项工作的深入开展和技术水平的提高，厦门市还将根据本市的特点，增加其他污染项目，使之能更全面地反映厦门全市的空气质量和污染状况。

空气污染与气象条件的关系非常密切，影响空气污染物浓度变化主要因素是空气污染源排放的污染气象条件。影响空气污染气象条件主要有：天气形势；风向、风速；大气稳定度；850hPA(空中1500米高度)冷、平流；低云量；降水、湿度；日照等。

空气质量的好坏反映了空气污染程度，它是依据空气中污染物浓度的高低来判断的。空气污染是一个复杂的现象，在特定时间和地点空气污染物浓度受到许多因素影响。来自固定和流动污染源的人为污染物排放大小是影响空气质量的最主要因素之一，其中包括车辆、船舶、飞机的尾气、工业企业生产排放，居民生活和取暖，垃圾焚烧等。城市的发展密度、地形地貌和气象等也是影响空气质量的重要因素。随着社会经济的快速发展，工业化水平的提高，人类活动对环境产生的影响越来越大，尤其是在城市集中了大量的工厂、车辆、人口。空气质量由于以上原因，逐渐开始恶化，哪些地方在恶化，恶化程度如何，发展趋势如何，专家关心它，人民关心它，政府更关心它。在新闻媒体上公开发布空气质量状况，是政府为民办实事的一项举措，是气象和环保工作走向与国际接轨的一项基础性工作。

为了贯彻《中华人民共和国环境保护法》、《中华人民共和国大气污染防治法》和《中华人民共和国气象法》的有关规定，更好地为各级人民政府和广大人民群众提供环境质量信息服务，国家环境保护总局和中国气象局决定联合开展和共同发布全国环境保护重点城市空气质量预报。从2001年5月1日开始，中国气象局要求全国47个环保重点城市的气象部门开展空气质量预报工作，厦门市在此之列。

在20世纪90年代初，厦门市就开始了空气质量监测，鉴于当时的技术水平、人力、物力限制，仅能采取手工间断采样实验室分析的方法，一直未能实现空气质量的日报。厦门市于1997年引进了美国空气质量监测仪器，在鼓浪屿和大生里实现了空气质量自动监测，当年开展了空气质量周报工作。1998年建设了覆盖全岛的空气质量自动监测系统，并于1998年5月25日成为继大连后全国第二个实现空气质量日报的城市。1999年底，厦门市又在国内率先推出空气质量时报上网。

2000年5月，厦门市气象局与环保局即合作开展厦门市空气污染预报预测研究。2001年6月5日起，中央电视台每天播放47个重点城市的环境空气日报，其中包括厦门市。厦门电视台、厦门日报、厦门晚报、海峡导报等每天也播发厦门空气质量日报。此外还可以通过政府上网工程在厦门市环境监测中心站（www.xmems.org.cn）上查询到当日厦门空气污染指数信息，并可进入《厦门市空气质量日报》查询过去24小时空气质量时报、每周空气质量评述及空气质量常识等。

在2001年与厦门市环保局进行合作，开展空气质量预报业务的建设，并每天与厦门市环保局联合发布空气质量预报。厦门市气象台根据厦门市环保局的空气质量监测数据建立了厦门市空气质量统计预报模式，同时也初步建立起了空气质量数值预报系统。厦门市气象局使用的空气质量数值预报模式为中国气科院开发的城市大气污染潜势和空气质量指数预报模

气象业务

型。其主要优点如下：模式不与污染源直接关联，因此无需详细的污染源资料及数据的动态更新；预报结果具有客观性强、时空分辨率高的特点；无需前期历史资料的积累，有利于随时增加新预报点；除预报空气污染指数外，还提供污染潜势预报。但是，根据运行的经验教训，单靠数值预报模式难以达到令人满意的准确率。因此，除对模式本身进行调试外，还有必要根据厦门区域特点对输出结果进行加权订正。统计预报是根据污染物监测浓度的历史数据和对应的气象等方面数据，通过一定的统计方法，得出某一预报方程。虽然统计模式在方法上比数值模式简单，但它是实施空气质量预报中不可缺少的一步。其主要优点是，通过模式的开发，可以找出厦门市污染物浓度变化与气象要素以及天气系统之间的定量或非定量的对应关系。有利于加深对造成空气污染的气象条件及天气形势的了解，为数值预报模式的加权修订提供客观依据。比较适合预报今日相对与昨日空气污染水平的变化趋势。但在实际业务使用中，气象因子代入缺乏客观性，容易因为人为预测失误而导致整个预报错误，且污染源明显变化可能

洪碧玲了解121电话气象咨询热线工作情况

破坏预报方程的统计基础，导致预报效果下降。厦门市气象台将数值预报方法和统计预报方法相结合，再根据预报员的经验和判断，最终作出综合的空气质量预报。作出空气质量预报后，厦门市气象局和环保局联合通过厦门市的广播、电视、报刊和网站等媒体发布。

厦门市除开展空气质量预报外，针对近年来日益下滑的厦门市空气质量，2006年4月厦门市环保局与厦门市气象局携手合作，共同开发"蓝天计划"项目即"人工增雨减污试验"，利用开发空中云水资源，在发生高等级的空气污染预警时，启动净化空气的预警机制，通过人工作业的形式利用空中雨水冲刷降低空气污染程度。

本试验依托气象地基和空基观测、天气气候预报预测、雷达实时观测为手段的观测和预测作业条件，利用火箭炮作为运载工具，以AgI为催化剂，实施人工增雨净化空气作业，开发和利用空中云水资源，以物理检验和统计检验评估作业效果。自2006年8月开展本项目以来，厦门市专业气象台共实施人工增雨作业30次，发射火箭弹170枚。

通过开展人工增雨净化空气的作业效果评估和技术分析，"人工增雨减污试验"的总体效果良好，得到市领导肯定和广大市民的好评。同时厦门市的日报、晚报等报刊也多次宣传报道了厦门市人工增雨方面工作的情况。厦门市人工增雨净化空气工作得到了我国同行的赞赏，中国气象局郑国光局长给予了高度评价，并要求深圳市气象局到厦门来学习"人工增雨减污试验"。

近年来，厦门市空气质量的预报和空气污染的防治工作取得了很大成效，但是随着厦门市城市建设及经济的发展以及人口高速增长，无论是工业污染物、交通污染物、工地污染物，还是生活污染物的排放量都有不同程度的增加，尤其是随着机动车保有量快速增长和排污总量的增加，交通污染呈快速上升趋势，机动车排气污染已成为厦门市大气中悬浮颗粒物——气溶胶的最主要"贡献者"，因此厦门市空气质量不可避免地出现下滑趋势。因此，厦门市的空气污染气象业务有待进一步加强，无论是在预报方法、运行机制，还是空气污染研究等方面。这样才能更好地保障海峡西岸经济区的又好又快发展。

气象服务

公共气象服务

从1954年开始厦门市气象台，从主要为军事部门服务逐步重点转向为社会和经济建设服务。坚持重点做好为各级党政军领导的防灾抗灾决策性气象服务，以及为农业生产、城市建设、重点工程建设、国防军事、大型社会活动的气象服务，逐步拓宽了服务领域，改善服务手段，增强服务内容，为保障人民生命财产安全、促进特区经济发展和国防建设作出了积极的贡献。

台风预报与服务是厦门气象局业务工作中的重中之重，每次台风影响期间，局台领导都亲自到市防汛抗旱指挥部，以贴身服务的方式为市领导提供图文并茂的服务材料并现场讲解。同时还多渠道、多形式开展公众气象服务，在台风影响期间，在每天"气象连线直播"节目中增加每小时播出的"防御台风特别电视节目"，并与广播电台进行每小时连线直播；利用短信发布平台为市党政军各级领导提供台风信息短信，利用市农村信息平台为十多万农村朋友免费提供台风信息短信，"12121"气象自动答讯、厦门气象网站、移动电视，各报纸媒体的气象信息，也都成为向广大市民提供便利、快捷的气象信息的渠道。

近年来，随着厦门经济快速发展，重大社会活动也明显增多，气象保障任务越来越繁重。气象部门根据市委、市政府和社会需求，认真做好

2004年8月25日厦门市委书记郑立中一行到厦门市气象台了解台风"艾利"动态。左起市气象局局长陈仲、市政府副秘书长洪春火、市委书记郑立中、市气象局纪检组长刘瑞文、市委副书记吴凤章、副市长潘世建。

气象服务保障工作，如一年一度的厦门国际马拉松比赛、厦门市"9.8"国际投洽会期间，市气象局都精心准备，为组委会提供天气气候展望、中短期天气预报和短时精细天气预报。近年的台交会、高考中考、第六届全国农民运动会、龙舟比赛等重大活动，以及元旦、春节、清明、中秋、国庆等节日的气象保障服务中，气象局都提前介入，采取专项服务、跟踪服务、现场服务或新闻发布会等方式，出色地做好气象保障服务工作。气象部

厦门市气象局每年为厦门国际马拉松比赛提供精细化气象服务

气象服务

门还积极为厦门大桥、海沧大桥、高崎国际机场、嵩屿电厂等重点工程建设以及作战演习、卫星发射等国防军事活动提供气象服务，取得很好的效果。

主动开展人工增雨作业工作。2003年以来，有多年持续出现秋冬春连旱，全市气象部门心系百姓，急群众之所急，抓住机会实施人工增雨作业，及时缓解旱情，取得显著的社会效益和经济效益，也赢得各级领导和广大群众的好评。2006年起与市环保局联合研究利用人工影响天气技术改善厦门空气质量，此项工作已赢得市政府的高度重视和支持。

对台气象服务彰显特色。厦门气象局主动作为，积极开展厦金航线及台湾地区的天气预报，每天在《厦门晚报》及"闽南之声"广播电台提供厦门至金门航线的航行气象条件提示及台北、高雄、台中、金门四城市的天气预报；在台湾可观看到的《厦门卫视》开播由气象专家用闽南话播讲的"海峡气象"节目。

防雷事业

1. 建制情况

厦门市防雷工作始源于厦门市祥云科技服务公司的组建（以下简称公司），1992年6月由厦门市气象局批准同意成立厦门市祥云科技服务公司，1992年10月经市工商局注册批准成立，首任经理为张天佑；经济性质为全民所有制科技企业，办公地址在厦门市东渡海山路47号。主营：（1）气象信息传输服务；避雷装置检测、整改、安装微机软硬件的技术开发和服务，电器维护；兼营：农业气象成果应用及花果产品经销。公司下设厦门市避雷检测所（1992年9月）和工程部，隶属厦门市气象局。

1996年9月根据国务院批准的中编委［1995］13号文关于气象部门机构改革方案精神，为理顺归口管理职能，厦门市避雷检测所从厦门市祥云科技服务公司脱离，经厦门市机构编制委员会厦编［1996］024号文批准成立厦门市避雷监测技术中心（以下简称中心），隶属厦门市气象局管理的全民事业单位，办公地址在气象局院内，范新强兼任中心主任。职责及服务范围为：负责各类建、构筑物防雷设施的设计审核、施工监测及安全性能的技术监测工作。中心下设办公室、技术质检部和检测所。1997年1月张天佑任中心主任。1998年3月，曾智聪兼任中心副主任（主持工作），部门增设高工室。

2000年7月,根据厦门市国有资产管理局、财政部厦门市财政监察专员办事处关于同意变更厦门市祥云科技服务公司投资主体的复函,批准将厦门市祥云科技服务公司投资主体由厦门市气象局无偿划转为厦门市避雷监测技术中心。

2001年11月根据中国气象局气发[2001]169号关于印发《厦门市国家气象系统机构改革方案》的通知,成立厦门市防雷中心,与厦门市避雷监测技术中心为一个机构两块牌子的运作方式,主任为曾智聪(正处级);中心宗旨和业务范围:坚持"预防为主、防治结合"方针,保护国家利益和人民生命财产安全,促进经济建设和社会发展,负责全市防雷减灾工作,包括雷电灾害的研究开发、监测、预警、防御以及技术培训等,负责全市防雷业务管理,提供防雷技术服务,防雷工程设计审核、施工监督和工程验收以及防御雷电宣传和雷电灾情

海沧大桥安装防雷设备

气象服务

调查与鉴定等工作。

2005年5月根据市气象局《关于厦门市防雷中心内设机构调整的批复》（气发［2005］15号）的精神和工作需要，下设综合科、检测科、工程科（厦门市祥云科技服务公司）、雷电防护研究室。

2．科技服务、技术开发

雷电防护检测

中心贯彻执行《中华人民共和国气象法》、《中华人民共和国安全生产法》、《防雷减灾管理办法》和《福建省气象条例》，在厦门市安委会、市公安局和市消防等部门的配合支持下，依法对全市有关单位防雷设施安全性能进行检测，努力扩大防雷减灾工作的社会覆盖面，开展防雷设施检测工作，消除部分防雷设施存在安全隐患，取得较好的社会效益和经济效益。

1991年以来，与市安全生产委员会办公室、市消防支队联合对全市易燃易爆场所进行定期防雷装置安全检测。

1997年以来，与市公安局联合开展全市金融系统（包括银行、证券等）计算机机房防雷安全技术检测工作，平均每两年一次。

2003年7月在海沧区和集美区试点分组检测。

2003年检测收费由行政事业性收费改成经营性收费。

2004年3月为方便区域检测，首先在海沧设立检测站，开展海沧区检测。

2004年9月在集美设立检测站，开展集美区检测。

2005年5月在翔安区设立检测站，开展翔安区检测。

2005年6月与同安区气象局签订《关于厦门市避雷监测技术中心同安检测站业务运行的协议》。

2005年依靠科技进步，加大防雷科研和基础建设的投入，重视技术标准、规范的制订。中心负责立项编写福建省《雷电风险评估及灾害鉴定规程》、《防雷装置验收及检测规范》、《防雷装置设计、施工及维护管理规程》三项福建省地方标准和《厦门市计算机机房安全技术规范》一项厦门地方标准。

2006年1月7—8日四项标准通过由福建省质量技术监督局召开的福建省地方标准审定会。

2006年8月7—8日四项标准通过福建省气象局主持的福建省地方标准论

证会。

2007年1月1日四项标准由福建省质量技术监督局批准发布实施，填补了福建省空白，对进一步做好福建省防雷工作具有重要指导意义。其中《厦门市计算机机房安全技术规范》是我国出台的第一部20m²以上计算机机房的地方安全技术规范。

市气象局、市公安局、市安监局联合在2006年3月举办2004—2005年度厦门市信息网络防雷安全工作先进表彰工作大会，防雷中心承办。

2006年下半年新建、改建、扩建建筑物的防雷设施的分阶段检测和工程竣工检测正式启动，成为雷电防护检测工作的亮点和增长点。

2006年争取厦门市地方财政50万元的防雷检测设备采购专项经费，提升防雷检测技术水平。

2006年8月受同安消防大队委托，对8月3日遭受雷击引起火灾事故的同安亚美皮革厂进行现场调查、勘察、检测和技术鉴定。

2007年11月市科技局"厦金航线雷电预警系统"的课题项目确立，并得到15万元财政资助。

2008年25KA信息系统电话过电压保护器应用在强雷暴区的泉州清源山风景区防雷工程科研成果进行转化应用。

2008年对大型建设工程、重点工程、爆炸危险环境等建设项目开展雷击风险评估。

2008年为"厦门海沧12号泊位液体化工码头一期工程"提供风险评估报告，提高防雷工程设计、施工的科技含量，确保公共安全，成为中心科技服务工作又一亮点。

2008年底建立了"厦金航线雷电预警系统"大气电场监测站。

2008年9月4日参加厦门市安全生产监督管理局厦门博坦仓储有限公司"9·1"雷击事件原因分析会。

雷电防护工程（厦门市祥云科技服务公司）

公司取得厦门市科委颁发的技术贸易资格证，是厦门市高新技术企业。经过先后三任新老领导班子（1992年张天佑、1997年曾智聪、2003年傅金安）和全体员工的共同努力，取得显著成绩，承建了许多重大工程项目的设计和施工，工程遍及厦门乃至八闽大地的建筑、石化、金融、信息等十几个行业，工程覆盖面年年拓展，包括被称为世界第二、亚洲第一的悬索桥——海沧大桥防雷工程（1999年）、国家著名风景区——鼓浪屿日光岩防雷工程（1998年），厦门市气象雷达科普观景楼防雷工程（2003

气象服务

年）、上杭紫金矿（2004年）、福建炼油厂（2005年）、永安化工厂（2006年）、厦门市公安局交通指挥中心（2007年）、厦漳高速公路（2007年）、泉州清源山风景区（2007—2008年）防雷工程等等，这些防雷工程多年经受了雷击的考验，所保护的设备均完好无损，受到用户的好评。特别是1999年厦门海沧大桥防雷工程设计，是在没有现成桥梁防雷标准可供参照的情况下完成的，经专家组认证，该工程的防雷设计在国内处于领先水平，某些方面达到国际先进水平，如DBSGP技术应用。目前已为交通部桥梁工程设计手册提供了防雷设计技术指标参数，以供桥梁防雷工程设计参考使用。

3. 防雷科普宣传

在不断扩大防雷减灾工作社会覆盖面的同时，中心还加大防雷科普宣传力度，每年世界气象日、科技活动周、安全生产宣传月，定制宣传条幅悬挂在市区主要路

深入社区开展防雷科普宣传

段的交通护栏,派技术人员积极参与配合各项防雷安全宣传活动,编印5000份《厦门雷电宣传手册》和3000个宣传手提袋,并采用宣传图片展览、宣传单,向市民、村民和驻厦部队普及雷电灾害防御知识,提高全社会的防雷减灾意识,得到科技局、各区安监局的高度好评。应《海峡导报》之邀,派专家到该报接听解答市民提出的有关防雷方面的问题,专家热线非常火爆。中心的这些举措为厦门市经济特区新一轮跨越式发展和"平安厦门建设"创造了良好的安全生产环境。

4. 集体荣誉

防雷中心

1997年取得福建省质量技术监督局计量认证证书。

2005年取得福建省气象局颁发的防雷检测甲级资质证书。

厦门市政府授予1996—1997年度、1998—1999年度安全生产先进单位。

防雷中心集体合影

气象服务

  1999—2000年度、2002、2007、2008年度分别获得厦门市气象局先进集体。

  2002、2006年度厦门市气象局，科技服务先进集体。

  2005年被厦门市公安局、厦门市安全生产委员会和厦门市气象局评为厦门市信息网络与防雷安全工作先进单位。

  2007年、2009年分别被厦门市委市直机关工作委员会评为2005—2006年度、2007—2008年度厦门市直机关文明单位。

  2007年5月被厦门市精神文明建设指导委员会办公室评为2006—2008年度文明行业创建工作示范点。

  2007年6月选派叶慧红同志参加市局组织气象部门气象人精神演讲比赛，荣获一等奖，8月还代表市局参加第二届上海区域气象人精神演讲比赛，荣获三等奖。

  2008年3月23日厦门市气象部门世界气象日文艺汇演，高建平、叶慧红表演的小品《鹭岛防雷》，获得优秀奖。

  2008年12月中心第二检测站获2008年福建省气象局行业"巾帼文明岗"。

公司

  自1993年起连续6年3次被市政府评为"重合同守信用"单位，1999年福建省"重合同守信用"单位，获全国第四届技术市场金桥奖和厦门市第二届技术市场金桥奖集体奖。

  1999年4月取得中国气象局核定的防雷工程专业设计甲级资质证和防雷工程专业施工甲级资质证。

5. 防雷工程公司

  厦门市现有厦门市祥云科技服务公司（甲级设计、施工）、厦门阳光电子系统工程有限公司、厦门海仕达电子有限公司（乙级设计、施工）和厦门正邦电子有限公司、厦门雷神电气设备有限公司、厦门安瑞科技有限公司、厦门泽宇科技工程有限公司、厦门市智能大厦有限公司（丙级设计、施工）等八家防雷工程设计、施工公司。

  这些公司都具有中国气象局颁发的防雷工程专业设计、施工资质证书，拥有较高素质的技术人才和较丰富经验的设计、施工队伍。主要开展防雷工程设计、施工，防雷器材、交电批发及零售，信息网络和综合布线设计安装等业务。这些公司向厦门市、甚至国内其他地区的各行各业提供系统的防雷专业服务，他们设计、施工的防雷工程涉及国防、电力、公安、金融、石油、化工等领域，主要包括政府机关、事业单位、厂矿企业、住宅小区、化工仓库、桥梁、加油站、网吧、计算机房等各种类型单位及场所，工程涉及防雷领域的各个方面，既有直击雷防护方面的避雷针、避雷带安装，也有雷击电磁脉冲防护方面的电气（配电）系统防雷、卫星天馈线系统防雷、监控系统防雷、计算机网络系统防雷等。

厦门市防雷专业工程公司拥有较多客户群，积累了一定的经验，对各种不同类型的防雷问题能针对性较强地设计并实施解决方案。在防雷工程设计、施工过程中能较严格地执行国家法律法规，如《防雷装置设计审核和竣工验收规定》，严格执行标准规范，如《建筑物防雷设计规范》、《国际电工委员会（IEC）有关标准》等相关规程、规范，工程运行效果良好，得到了有关专家和用户的肯定，为厦门市防雷减灾事业做出了应有的贡献。

气象影视

1. 机构与总体发展史

厦门气象影视中心隶属厦门市专业气象台，承担着厦门电视天气预报节目的制作，是公共气象服务的重要窗口。中心1996年12月成立，至今走过了13年的历程，节目开播时只有一套节目，现在厦门气象影视中心每天承担制作《早间天气预报》、《气象环境新闻》、《海峡气象》三套录播气象电视节

1996年12月17日电视天气预报节目开播，厦门市气象局领导和声像制作中心部分人员合影。从左到右帅红（节目主持人）、周学鸣（声像中心主任）、杨维生（厦门市气象局局长）、范新强（厦门市气象局副局长）、宋英杰（中央气象台节目主持人）、魏锦成（声像中心副主任）、魏应植（厦门市气象局副局长）

气象服务

目以及《专家连线直播》一套直播气象电视节目。每天节目播出时间超出60分钟，播出次数11次。

1996年6月中国气象局与中国广播电视部联合颁发了《关于进一步加强电视天气预报工作的通知》，为尽快贯彻落实"通知"精神，厦门市气象局拟定了关于建立制作厦门市电视天气预报的方案报告上报厦门市政府，报告得到厦门市委、市政府领导高度重视和大力支持，由市政府出资130万，厦门市气象局贷款50万，共计180万，用于该项目的建设。当年6月份厦门市气象局副局长范新强带领筹备组成员前往华东地区调研声像制作中心筹建项目，回来后形成制作系统建设方案。11月初，项目资金到位，厦门市气象局声像制作中心筹备组立即着手实施方案，一边引进各种影视设备系统，一边装修演播及制作室，同时面向社会招聘电视天气预报节目主持人。前期总投资130万，既有传统的广播级影视制作设备，也有依托电脑技术的发展中的非线性编辑系统，还有一个标准规模的电视演播厅；同时拥有一批具备专业摄像、编辑、平面设计和三维动画技术的人才。中心成立伊始，得到了电视台领导及技术人员的大力支持，与电视台建立了良好的合作伙伴关系。

1996年10月，市领导指示电视天气预报节目最好能在厦门特区建成15周年之际和观众见面，厦门市气象局在时间紧、任务重、制作技术方面都是新手的条件下，加班加点不辞辛苦，虚心学习，在各方面的支持和努力下，1996年12月17日厦门特

1997年《厦门广播电视报》报道参加厦门电视天气预报首播的中央气象台著名电视天气预报主持人宋英杰和厦门电视天气预报第一位主持人帅红专版

区建成15周年之际，由主持人播讲的电视天气预报顺利地和厦门观众见面，这是厦门气象人献给特区15周年的特殊礼物。同时厦门市气象局声像制作中心宣告成立。应邀参加厦门电视天气预报首播指导的中央气象台节目制作专家充分肯定厦门市气象局能在这么短的时间内建成声像制作中心并制作出水平较高的节目，在全国还是少有的。作为献礼项目，厦门局特邀中央气象台电视天气预报著名节目主持人宋英杰主持首播节目，12月18日，厦门局自己招聘的节目主持人亮相厦门荧屏，从此，厦门特区荧屏天气预报成为公共气象服务的重要窗口，与厦门观众风雨同行，节目在厦视一套播出后，得到厦门观众和社会的好评。

2005年11月25日福建省委常委、厦门市委书记何立峰视察影视中心

1997年7月，厦门市气象局声像制作中心开辟《天气海洋环境预报》节目内广告业务，突破广告业务零纪录。1998年1月，独立承担《天气海洋环境预报》节目制作及节目内广告业务。1998年12月，厦门市气象局再次投资近50万元，购置非线性系统设备。1999年1月，厦门市气象局声像制作中心在有线电视台开播第二套节目《厦门气象》，同时承担节目前后广告业务。1999年3月，根据厦门市气象局党组意见，成立了厦门市新气象广告公司，声像制作中心归属厦门市新气象广告公司，实行公司化运作。

2005年1月1日声像制作中心改名厦门市影视中心，归属厦门市专业气象

2008年厦门市委副书记、市长刘赐贵视察影视中心

2008年厦门市委常委、副市长詹沧洲视察影视中心

气象服务

台。

2007年8月8日上午，市长刘赐贵、副市长詹沧洲率市防汛抗旱指挥部成员单位的负责人到厦门市气象台了解第7号强热带风暴"帕布"、第8号热带风暴"蝴蝶"的动向期间，市长刘赐贵视察厦门气象局影视中心时，称赞气象专家直播连线做得好，同时对影视中心设备和电视台设备不接轨造成图像不清提出问题，刘市长表示一定要继续做好这档老百姓都喜爱、关注的节目，作为传播气象信息权威、及时的窗口，不能因设备落后影响节目质量，当即要求气象局提出设备数字化更新方案，并由市政府下拨专项资金近200万对气象影视设备进行数字化改造。

《厦门市气象局气象影视设备数字化改造》项目，于2007年11月上旬启动，11月中旬完成了项目方案的调研和设计及论证，报市政府采购办审批后，由厦门经发机电设备招标有限公司组织招标，于2007年12月27日与中标方广州市纬博电子科技有限公司签订项目采购和施工合同，该项目于2008年5月中旬竣工，系统安装调试完成后，经过一周的试运行，于2008年5月26日投入业务使用。2008年8月5日上午，由厦门广电集团副总裁蔡鹰等组成的专家组来到市气象局，就《厦门市气象局气象影视设备数字化改造》项目进行验收。

2. 气象节目变迁

厦门电视天气预报开播之初，与厦门电视台合作开办《天气海洋环境预报》节目，节目的制作及相应广告业务由厦门市气象局全权负责，电视台负责节目的正常播出。节目于1996年11月17日开播。播出时间为：每晚厦视一套19：50和23：15，厦视二套21：40。

内容形式与中央气象台的节目类

早期声像制作中心（1996—2004年）

似，分为主持人天气形势和各地预报两个项目，外加海洋环境预报，总时间为2分钟多。形势演讲主要是分析天气形势演变，传递天气预报结论；各地天气预报为画面形式，每个预报画面5秒钟，共有10个画面，分别为市区、同安、海沧、小坪、大嶝岛、金门、厦门到崇武沿海、厦门到东山沿海、台湾海峡、天气湿度和森林火险。

1999年1月4日厦门市气象局与厦门有线电视台合作开播《厦门气象》节目，节目的制作及相应广告业务由厦门市气象局全权负责，有线电视台负责节目的正常播出。播出时间为每晚电影频道19：55和23：35，综合频道21：55。

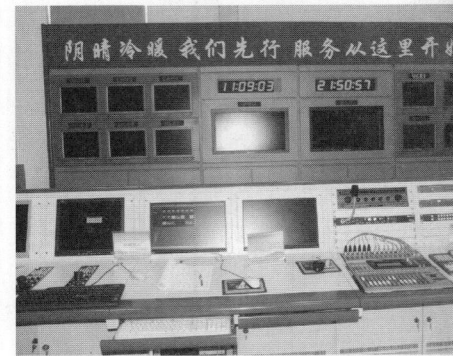

数字化改造后的制作中心

内容主要是以主持人演播来贯穿整个节目，时间大约为3分钟。以百姓日常所关心的天气预报为主，展现前期或当前天气现象和特点，分析天气形势演变，传递天气预报结论；另外加入一些气象常识，如天气现象、气象术语、气象与健康、气象与旅游、气象与各行各业等小栏目；遇到二十四节气当天，可讲演二十四节气的内容以及节气天气预报；每周有个一周天气回顾和未来天气展望，从而丰富了整个节目。在形式和表现手法上，以主持人主持节目、专家访谈、现场采访等形式，其背景画面常出现的有卫星云图动画、天气形势图、台风路径图等，有可能时可切入现场拍摄和资料片段，最后是滚屏的国内外主要城市天气预报，中间经常插入与气象相关的各种小栏目。节目改变了传统的固定模式，讲究灵活，内容充

数字化改造后的演播厅

气象服务

实,贴近百姓生活,一开播即受到大众的欢迎,收视率越来越高。

2002年3月5日配合电视台节目改版,声像制作中心在厦门电视台第三套新增加《海峡气象》节目,由预报员直接担任节目主持,主要讲解分析福建省天气及台湾地区天气预报。采用录播形式,当时反响很好,也为后来开辟专家直播节目做了有益的探索,打下了基础。

2003年3月3日对天气预报全面改版,由单一晚间三套节目改版为《早间气象预报》、《午间气象新闻》以及晚间《气象环境预报》三个时段的电视天气预报节目。《早间气象预报》、《午间气象预报》节目采取出图像画面,主持人幕后配音的形式,增加早间和晚间节目后,原有晚间的《天气海洋环境预报》、《厦门气象》、《海峡气象》三套节目合并为《气象环境新闻》,节目融合了天气环境新闻、天气预报、海洋环境预报、空气质量预报等内容,成为综合性栏目,节目时间长度5分钟,内容更加丰富,预报时效性更高。

2005年2月21日晚,厦门气象直播节目在"厦视新闻直播室"栏目中顺利开播,该节目采用电视台演播厅的主持人与市气象局影视中心演播厅的气象主播现场直接对话的方式,由高级工程师担任气象主播即时播报最新的天气实况、天气预报和天气现场分析,节目播出后取得很好的效果,市民反映这样的天气预报更可信、更贴近百姓,厦门的这档天气预报电视直播节目在全国首开先河。

2005年12月26日,面向台湾等地区观众的厦门卫星电视节目中增加的《海峡气象》

1999年1月4日开播的《厦门气象》

2002年3月5日开播的《海峡气象》

2005年1月21日开播的《专家直播连线》

2005年12月26日开播的闽南语节目《海峡气象》　　2009年改版后的《天气海洋环境预报》节目

天气预报节目正式开播，节目使用闽南语播音，由气象工程师担任气象主播，这档节目的开播成为我国首档以台湾观众为受众的闽南语气象节目。

2008年6月29日，副市长詹沧洲带领市计委、财政局、水利防汛办一行到厦门市气象局调研时，对市气象局影视中心与市电视台新闻中心联合制作的电视天气预报连线直播节目给予高度评价。詹副市长说他每天都要看这个节目，由气象工程师担任主持人，有种面对面交谈的感觉，很亲切。专家们在预报天气的同时结合普及气象知识，形式非常好。这不仅提高了气象部门的知名度，也锻炼了气象工程师们，他非常感谢厦门气象部门，为广大市民提供了一个好节目。

3. 其他业务及荣誉

影视中心除了日常的电视天气预报节目制作和广告业务外，还承接商业、企业、旅游等各行各业的声像制作业务；提供专业摄像、编辑、图片字幕处理以及三维动画的电视广告制作，具备较完善的专业设备和较高的专业制作水平。

2001年制作的纪录片《鹭岛气象》在华东地区气象评比中获二等奖。

气象服务

2005年8月4日，厦门市科协依托厦门市气象影视中心的人才及技术设备优势，达成共建"厦门市科协影视中心"协议，从而使科普影视宣传工作力量得到大大加强。

2005年3月影视制作部和宁化县宣传部共同合作为中央电视台拍摄了一组反映纪念长征70周年的专题片即宁化县入伍的老红军采访素材。影视制作部携带着专业的摄像设备，派出摄像人员、主持人，同宁化县宣传部部长共同制作完成。得到了宁化县宣传部各位领导的好评。

2006年11月10日参与上海市气象局局务公开宣传片《阳光辉映事业路——全国气象部门局务公开巡礼》拍摄。

2002年10月，影视中心制作的电视天气预报节目在第二届全国电视气象观摩评比中获综合节目二等奖，帅红获主持艺术二等奖。

2004年俞卡莉获第三届全国电视气象观摩评比中获主持艺术一等奖。

2009年6月在福建省第五届电视气象节目观摩评比中制作的天气预报节目获特别奖、二类节目策划创意奖、二类节目团体奖、二类节目综合一等奖、二类节目解说词奖，苏昉获主持艺术二等奖。

气象服务海峡两岸

厦门市气象局积极为对台工作提供各种气象服务保障。从1997年4月在厦门举办的首届对台商品交易会（简称"台交会"）开始，气象局就利用专业优势，主动为海峡两岸的各种交流活动提供气象信息和气象预报服务，每一届的台交会也成为气象局例行的重点服务工作之一。

随着两岸交流的不断增加，对台活动内容也越来越多，如台胞回乡旅游购物节、厦门中国投资贸易洽谈会等，气象局都主动进行跟踪服务。2001年厦金航线的开通，厦金之间文化等领域的交往更加频繁，2003年初气象局首次圆满完成厦金海上航线春运气象服务，在两岸直航期间提供了精细化天气预报，保障了春节期间7000多人次的台胞安全从厦门至金门海

上航线直航往返。2005年，为两岸春节定点包机直航提供气象保障服务。

2006年，气象局以贺卡形式主动为春节期间往返两岸台胞提供目的地天气预报服务，得到市领导和台胞的肯定和赞扬。2008年，气象局为台湾地区领导人"大选"投票人员提供往返的航行的气象保障。此外，气象局还参加"2008年厦金海域海上搜救演习"，市专业气象台先后三次提供中期预报，并提早10天滚动提供演习当天的海上风浪、天气、能见度的预报，为这次海空联合演习保驾护航。为此厦门市专业气象台获得"2008年厦金航线海上搜救演习先进集体"和"2005—2007年度厦金航线海上搜救先进集体"等光荣称号。

厦门市气象局科技人员根据海峡两岸交流不断深入的情况，提出新的工作思路，努力提高厦金航线天气预报准确率，提升业务保障能力，为厦金航线提供个性化、精细化、有特色的航线气象服务，为两岸同胞"小三通"提供安全保障；2003年基本完成了厦金海域自动气象观测

2004年9月20日，厦门市气象局组织到金门县气象局参观访问

气象服务

2005年范新强局长带领气象技术人员到台湾气象部门考察交流

2009年12月中国气象局副局长沈晓农（左）率团赴台北参加海峡两岸气象学术交流，中间为台湾大学副校长陈泰然，右为厦门市气象局局长范新强

2009年12月3日，厦门市气象局范新强局长参加海峡两岸学术交流会议

系统的建设；2004年向市政府提出厦金航线气象保障服务建设方案，并获项目支持，经过2年多的工作，2008年年底《厦金航线气象保障服务系统》通过专家验收，进一步加强了厦金航线的气象保障服务能力，目前已经进入日常业务化阶段。2006年，市政府批复《厦门市气象事业"十一五"发展规划》，批复将地方1800万元配套资金纳入市发改委2007—2008年基本建设计划；2008年2月18日，厦门市政府主持召开了市规划局和市气象局有关征地问题协调会，明确将福建省重点建设项目《福建省沿海及台湾海峡气象防灾减灾服务体系项目》中的重要子项目《厦门海峡大气探测中心基地》、厦门市政府批复的《厦门市气象事业"十一五"发展规划》主要工程之一《城市与海洋气象防灾减灾预警系统工程》项目和新建翔安区气象局项目合三为一（简称海峡大气探测中心基地）建设。6月13日经厦门市发改委正式立项，12月19日取得建设用地批准书及用地红线图和政府批文，为气象事业持续发展打下良好基础。目前该项目正在紧张实施之中，项目建成后必将为海峡两岸的交流提供更科学、更准确、更周到的气象服务。

　　气象影视是一个特殊的平台，厦门气象局大力做好、做足气象文章，通过气象影视来加强对台沟通与宣传工作，为祖国统一作贡献。2002年厦门气象局新增了由预报员主持的《海峡气象》电视气象节目，在节目中介绍海峡两岸天气预报和各种气象知识；2005年12月26日，按照厦门市委书记何立峰关于"气象能够为祖国的统一大业作出贡献"的指示，厦门气象局迅速在厦门卫视频道推出新档《海峡气象》栏目，这是我国大陆首档服务台湾同胞和东南亚侨胞的闽南话气象节目。同时还在《厦门晚报》及"闽南之声"广播电台等媒体增加"金（台）地区天气信息"内容。2007年在"圣帕"台风、2008年"凤凰"台风、2009年"莫拉克"台风影响期间，派出气象专家到厦门电视台演播厅，与台湾电视台气象专家连线共同探讨台风预报服务并进行访谈录制。

　　随着海峡两岸交流的进一步加深，合作领域的不断扩展，厦门气象立足本职，不断创新，为两岸和平统一作出应有贡献。

气象科普基地

　　厦门市气象局紧紧抓住厦门市"十一五"社会经济发展规划的战略机遇，通过贯彻落实"公共气象、安全气象、资源气象"理念，以建设新一代天气雷达为契机，坚持实施"项目带动"及多功能结合（气象业务能力

气象服务

建设与科普平台建设结合），延伸投资2000多万元建设气象科普专业场馆即"厦门市青少年天文气象馆"（以下简称"天文气象馆"）。天文气象馆的建成与使用，使厦门气象科普工作的基础设施建设实现历史性跨越，为气象科普工作构筑了新平台、注入了新元素，赢得了社会各界对气象工作的进一步了解和支持，从而为打开厦门气象科普工作的科学、持续发展打下了较坚实基础。

在完成"厦门市青少年天文气象馆"主体工程建设后，厦门市建设与管理局主要领导到市气象局大院实地考察，取得城市建设资金50多万用于"气象科普广场"建设；同时取得市政府分管城建副市长的关注与支持，在市夜景工程资金中安排300多万元用于"海上明珠"雷达塔灯光工程和气象预警显示系统建设。

气象科普专业展馆（设施）建设与气象业务设施建设紧密结合，为气象科普工作打造全新的专业平台。目前，厦门气象科普教育基地（平台）有六个主要项目组成：分别是气象展馆、天文展馆、天象厅（穹幕电影院）、雷达塔楼、科普广场和气象业务工作区（含气象影视机房、地面

天文气象馆于2005年3月23日建成并正式向社会开放

观测场、预报会商大厅、多功能会议厅等）。前五个项目，常年向社会公众开放；气象业务工作区仅限于重大节日面向有组织的集体参观。

其中，气象展馆、天文展馆、天象厅等建筑面积合计超过2000平方米。主要是综合运用声、光、电等技术，用电脑、模型、展版等形式通俗、生动、形象地表述气象科学原理，并依托气象现代化业务系统，集知识性、趣味性、参与性、互动性为一体，广泛吸引各地学生和各界群众。

（1）天文馆设在裙楼南楼的一、二两层。以现代科学技术介绍了大量的古今中外天文和气象知识，设置了许多适合青少年、寓教于乐的项目，包括大量的展板、模型，以及电脑查询、演示、游戏系统。主要展品有悬浮地球、三星仪、月象仪、宇宙秤、太阳室、太空摄影台、可演示的日晷、天文趣味实验室、古天文仪器、苏颂擒纵轮演示模型、望远镜、立体图片等。部分展品还配备了自助解说系统。（2）气象馆设在裙楼中楼的一、二两层。主要展品有电视天气预报模拟演播室、城市雷击、风力等级和风力测试、龙卷风模型、莫尔斯电码演示、大气分层、气象站沙盘、古代气象仪器、海洋气象站、风云一、二号气象卫星模型、气象雷达天线模型，以及表现台风、暴雨、海市蜃楼的虚拟设置等。（3）天象厅外径23米，内径20米，可容纳观众近200人，由穹幕电影和天象仪组成。具有两大功能：一是天文科普教育。通过天象仪在内球幕模拟星空，形象地介绍天文知识。关键设备天象仪的模

2007年交付使用的天象厅

2005年5月20日下午，市委副书政协主席陈修茂带领市政协学习成员到市气象局学习天文气象科市政协副主席郑兰荪、桂其明以主党派、工商联、各人民团体的加了此次活动。

世界气象交流文化广场

气象服务

2005年与厦门市移动公司在外国语附小共建"爱贝通"气象站

拟星级别达6.75等星,即可在内球幕上演示13000多颗星。目前,随天象仪配备的天文节目有三套:四季星空、月球探秘、探索行星世界。二是穹幕电影。播放运用高科技手段拍摄、制作的穹幕影视片,可展示大场面、动感强的影片节目。

气象雷达塔楼"海上明珠"具有四大功能:雷达探测业务功能;旅游观景功能;夜景与气象预警信息功能;防灾科普功能。其中塔楼18、19层是观景台,极目远眺,几乎整个厦门岛尽收眼底,是登高鸟瞰厦门的最好观景点。目前,"海上明珠"雷达塔已成为厦门市标志性建筑和标志性夜景工程。

气象科普广场建成投入使用后,成为群众性重大气象科普活动的平台。2008年底,根据"气象主题公园"第一期建设规划要求,对气象科普广场进行完善改造,提升为"世界气象交流文化广场"。

以"天文气象馆"等专业设施为基础,吸聚社会资源,探索气象科普工作社会化、活动常态化。天文气象馆于2005年3月23日建成并正式向社会开放后,成为八闽大地规模最大、内容最丰富、最具吸引力的气象天文科普专业场馆,吸引了厦门及周边城市民众、来厦游客以及金门的台湾同胞前来参观，参观者以中小学生等青少年为主。随着"天文气象馆"影响面、服务面的扩大，厦门市委宣传部、科协、教育局、科技局、关心下一代工作委员会等部门和思明、湖里区政府加大了对气象科普工作的重视、支持和参与，同时厦门市气象局积极争取金融、移动等企业的配合，开展跨部门、跨行业的气象科普合作，探索气象科普工作社会化、活动常态化、载体多样化，积极推进和落实中国气象局提出的"气象科普教育工作进社区、进农村、进学校等要求"，使气象科普工作成为气象事业的重要组成部分，成为提高公共气象服务水平、传播气象文化的重要力量。

近四年来，每年接待社会各界参观人员5万人左右（其中，中小学生每年3万多人）。厦门气象科普基地在1998年成为厦门市"首批市级科普教育基地"、1999年被列为福建省首批"省级科普教育基地"，2001年成为"福建省首批优秀科普教育基地"，2003年分别获得"厦门市优秀科普教育基地"称号和中国气象局、中国气象学会"全国气象科普教育基地"等称号，2005年被厦门市委宣传部、市科协评为"厦门市十佳科普教育基地"，并于2008年以社会公众投票数第二的好成绩保持此殊荣。同时，成为厦门市关心下一代委员会首批"科普教育基地"，成为市气象局与思明区委、区政府共建的"科普教育基地"。

农村气象哨

厦门市气象哨大部分是在1974年至1976年间建立的，最多时全市有50多个哨，气象哨员大部分是当地的农技员。气象哨员类似现在的志愿者，每个哨仅给少量的补贴费，他们每天三次定时观测记录，并形成月报表、年报表。遇特殊天气、气象灾害及时上报县、市气象局。

1979年12月5日，连文祥同志再次出席在北京召开的全国农业财贸文教卫生科研战线先进单位劳模代表大会，受到"国务院嘉奖令"奖状表彰。

由于厦门地区有东部沿海、中部小平原及西部山区，气象要素有明显的差异。当时仅厦门气象台和同安气象站两个正规台站有观测点及天气预报，两个气象观测站点无法满足农业生产对气象资料应用及预报服务的要求。所以各气象哨观测点的观测资料为当地农业生产所应用，并在市、县气象专业人员的指导下土洋结合做了一些简易的

气象服务

1974—1976年间厦门建立了农村气象哨,图为当时气象哨员合影

年、季、节气等中长期天气预报。在当时为各地的农业生产起到了一定的作用,得到当时市政府、市农委(办)等有关领导的肯定。

当时厦门各地的气象哨不仅在全省,乃至全国都称得办得较出色,作出成效的。如原同安县莲花公社农科站农技员连文祥同志在莲花农科站开展的气象哨工作就是典型的代表。当时经常有全国各地的同行前往该气象哨参观学习。

随着气象科技的快速发展,探测自动化程度的提高,弥补了以前气象观测站点的不足,自1986年后逐渐减少气象哨点,只留10个代表性哨点如下:市区的市农科所气象哨(瑞景新村西侧);集美灌口气象哨(双岑村);海沧东孚气象哨(过坂村);海沧温厝气象哨(温厝村);集美后溪气象哨(前进村);集美杏林气象哨(前场村);同安莲花气象哨(上陵村);翔安马巷气象哨(桐梓村);翔安巷东气象哨(巷东农场);翔安大嶝气象哨(双沪村)。

以上气象哨2007年已全部停止人工观测,取而代之的是遍布全市各地的自动气象观测点。

航空气象

厦门的航空气象服务工作始于1983年10月22日厦门机场通航之时,成立了中国民用航空厦门站气象台,下设气象预报组、观测组、填图组,共有8人。随着厦门机场飞行量的高速增加,厦门的航空气象服务的水平和规模得到了大幅度发展。现在,厦门地区有厦门空管站气象台、厦门航空公司运行控制中心气象处两个航空气象服务机构,一共40名专业技术人员,为进出厦门空港和飞越福建高空管制区的航班提供气象服务,厦门的气象报文参与国际飞行气象情报交换。

在厦门航空气象服务26年的发展里程中,气象条件和飞行活动之间已经从气象条件决定能否飞行,变为在复杂气象条件下如何飞行。实践证明,即使是全天候飞行系统仍然需要按照实际大气条件来调整系统的工作状态,而且在起飞和着陆时对气象服务的要求更全面。面对外部用户更准确、更及时、更方便快捷的服务要求和民航气象自身的诸多不足,厦门空管站气象台不等不靠,自强不息,勇于探索,在历届台领导和全体职工的不懈努力下,已发展成民航空管系统规模较大、工作质量名列前茅、服务

自动观测系统——跑道视程探测仪器安装

气象服务

工作独具特色的机场气象台。目前每天为厦门机场本场250架次航班、高空飞越800架次航班提供航空气象服务,为泉州晋江机场、连城冠豸山机场气象台提供技术指导。航空气象服务对象包括空中交通管制部门、厦门机场、厦门航空公司以及各航空公司驻厦机构、太古飞机维修公司、交通部东海第二救助飞行队等各类航空用户。

26年来,厦门空管站气象台始终保持着完整的技术队伍。1988年,气象台因厦门航站改制,改称为民航厦门航管站气象台;1994年,改称为民航厦门航管站航行气象处气象台;2004年,改称为民航厦门航务管理站航务管理部气象台;2007年,改称为民航厦门空中交通管理站气象台。下设气象预报室、气象观测室、气象机务室、气象填图室。民航厦门空中交通管理站隶属于交通部民航局空中交通管理局,属事业单位。现在,气象台共有人员34人,包括预报员10人、观测员9人、机务员8人,其中高级职称2人、中级技术职称19人、初级技术职称6人,人员素质和服务水平在全国民航机场气象台中名列前茅。

气象台现有设备包括民航气象传真广播接收系统、民航气象数据库系统、自动气象观测系统、气象遥测站系统、卫星云图接收系统、气象局域网系统、航空气象服务网络系统等,可以接收和处理来自民航气象中心、民航华东气象中心、厦门市气象局的各种气象资料,生成适合厦门地区航空气象服务所需要的产品。

气象台自1983年成立以后,即开始承担对外发布航站天气预报、天气咨询、本场地面气象观测等项工作。当时,地面观测为不定时观测,也即供航观测,在每日第一架飞机起飞前2.5小时至当日航班结束,每小时正点观测,观测方式为人工观测。1989年7月,观测性质改为定时观测+供航观测,观测时间除每日0时—12时定时观测外,在当日第一架飞机起飞前2.5小时和12时后至当日航班结束的每小时正点观测。1998年3月,气象自动观测系统开放使用,观测方式发生变化,除天气现象、有效能见度、云组采用人工观测外,其他项目均用自动观测系统采集。内容上风向风速改为自动观测系统的10分钟平均值,增加RVR。

1983年建台同时成立气象预报组,当时由两名预报员提供航空气象服务,解答飞行、签派、航务和值班首长等有关人员对天气情况的询问,负责对外发布本站天气预报,向机组人员提供飞行气象报告表。1990年,随着航班的不断增加,航空用户对气象保障的要求越来越高,遵照民航总局发[1989]236号文件,开始提供厦门高空指挥区范围内中低空(7000米

以下）航路预报。1992年开始，为国际航班的飞行发布24小时航站预报。1995年，民航气象系统组织了新版国际民用航空公约附件三《国际航空气象服务》的学习，要求民航气象服务逐渐与国际标准接轨。1997年1月1日，气象台顺利实施新版《地面气象观测规范》；当年11月，华东地区气象台开始实施《关于施行以传真预告图代替航路预报的通知》，气象服务初步与国际接轨。2000年6月，气象台被确定为低空气象监视台，担负起为福建中南部地区3000米以下飞行提供低空主要气象情报的职责，为晋江机场、连城机场提供本区域的中、低空航路风温度和重要天气预告图。现在，厦门机场通航城市近百个，气象台的职责是为在厦门机场起降的飞行器以及厦门高空指挥区飞行的航空器提供各类气象资料和咨询服务的航空气象保障工作；负责编制和发布与厦门机场有关的机场预报、低空（3000米以下）航路预报；负责厦门机场区域的航空气象要素的监视与观测，发布每小时一次的天气报告以及根据天气情况发布的特殊天气报告；监视厦门机场和厦门管制区内对飞行有影响的危险天气现象及变化情况；负责各类气象情报的收集、整理，及时为航空公司、飞行人员和空中交通管制部门提供各类航空气象情报信息。

气象服务

　　无论机构和职责如何改变,气象台始终把提高工作质量和提供优质服务作为工作中心来抓。1989年,当时的气象台台长就率先带领全台职工先于全行业5年,进行了民用航空公约附件三《国际航空气象服务》的自学培训学习,努力探索围绕用户提高航空气象服务水平的道路,集合气象台全体人员的智慧,第一次制订了《厦门机场气象台五年发展规划》。1994年,气象台预报室作为国内4个试点单位之一,率先试行新版《航站重要天气预报质量评定标准》,拉开了对工作质量进行量化考核的序幕。气象台在技术和管理上采取了许多有效措施,以学习先进技术提高工作水平,以严格管理提高整体工作质量。1997年,气象台自主对新安装的气象卫星传真广播接收系统进行应用改造,使得气象数字化产品的接收和分发得以顺利运行至今,气象服务网络化粗具雏形,气象台被总局气象处称赞为对该系统应用最好的气象台之一。1998年3月,厦门机场自动观测系统正式对外开放。1999年开始,气象台率先鼓励预报员使用数值预报产品作为制作发布预报的辅助手段,当时条件非常简陋,只能通过拨号MODEM从互联网调取日本气象厅网站资料,预报员通过自学和相互之间的交流,逐步掌握了数值预报产品的释用技术,完成了预报技术从以主观经验为主向客观量化的转变,转折性天气预报准确率显著提高。2001年,气象台711雷废,我们不等不靠,独辟思路,在民航系统内率先从厦门市气象局实时的多普勒气象雷达产品资料,并以送气象局培训和请大学教课的方式,用2年时间对全体预报员进行循序渐进的培训,很快气象的培训,大大提高了雷暴的预报准确率。2002年,从厦接了国家气象局气象预报综合服务系统(MICAPS),大大丰富手段,在奥运保障全面禁网期间,为保证较高的预报准确率发挥了作用。

　　厦门空管站气象台创造性地进行了观测工作质量量化考核和预报工作质量低分报告制度,1998年厦门空管站气象台开始全面推行规范化管理,规范服务标准和流程,工作质量和服务质量不断提高。1999年,第14号台风在菲律宾以东洋面生成,向西移动穿过巴士海峡后,各大台风预报机构均预报14号台风向偏西方向移动,厦门空管站气象台预报员没有迷信权威机构的预测,敏锐地发现了台风北侧有明显的眉状云带,经过慎重会商,发布了14号台风将北折向厦门附近靠近的台风警报,果然,14号台风来了个90度转弯,快速扑向厦门,并在距离厦门只有20多千米的地方登陆,成为近40年来对厦门破坏最严重的台风。由于预报准确,准备充分,厦门航管站的损失被降到了最低,厦门空管站气象台9914台风保障工作的经验总结被当年《中国气象年鉴》收录。随着各单位、各部门对灾害性天气越来越关注,气象台于2006年开始推出机场气象警报短信群发服务,其后又将服务内容扩大到2~3天天气预报、全国灾害性天气简报等,深受站领导、服务单位的好评,成为独具特色的航空气象服务产品。

气象台在技术革新、研究开发方面取得了丰硕成果,开展了多项技术改造和科技研发工作,先后完成了气象报文检索软件、晴空颠簸和积冰预报系统、多普勒雷达叠加航线系统、厦门机场气候资料查询系统、预报发报软件等多个项目的研制开发,有些项目为民航首创或领先。2007年,气象台在高起点上开发了航空气象服务网络系统,为全面实现气象服务网络化创造了条件;2008年,气象台自行研制开发了多普勒雷达拼图叠加航行信息系统,将雷达资料加工成便于航行管制员使用的产品,为国内民航首创。在研制开发项目中,我们也获得了一些荣誉,1个项目活动华东管理局科技成果二等奖。特别突出的是,预报室QC小组在2000年被民航协会评为"全国民航优秀质量管理小组";2001年被民航协会评为"全国民航质量信得过班组"和"全国质量信得过班组";2002年在全国民航优秀质量管理小组成果发表会上获第一名、一等奖、"全国民航优秀质量管理小组"、"全国优秀质量管理小组";2003—2006年又连续4年获"全国民航优秀质量管理小组"和"全国优秀质量管理小组"。2006年,气象观测室也被评为"全国优秀质量管理小组"。

26年来,厦门的航空气象服务一直保持着较高的质量,为厦门地区航空运输业快速、安全发展作出了自己的贡献。近年来,随着民航气象得到重视,厦门的航空气象将迎来大发展的机遇,业务规模和专业水平将得到大幅度提升,以满足海峡西岸经济建设提出的"厦门空港作为福建省航空运输发展枢纽"的需要,助航空飞行安全快捷。

海洋气象

1958年9月15日中国气象局决定厦门气象台扩建为福建省气象局海洋水文气象台,负责建设和管理福建省沿海的水文气象台站,直到1966年7月1日移交给国家海洋局,成立厦门中心海洋站,为福建省海洋气象工作的开展奠定了基础。

气象服务

1. 建站

1958年开始在我国东南海域的沿岸或岛屿设立各级海洋水文气象台站有：福鼎的台山，霞浦的三沙和北霜，连江的北茭，长乐的漳港（梅花），平潭的东沃，莆田的平潭，惠安的崇武，漳浦的六鳌（将军沃），以及东山、厦门。另外还有属于海军建制的晋江围头，龙海的流会等共约13个台站，其中三沙、平潭、东山为专业台，大部分于1959年10月1日以前正式开展工作。

2、业务

为研究海洋气候，开发海洋资源积累资料，也为开展海洋气象服务进行技术上的准备和方法上的摸索，主要任务有以下几个方面。

观测项目：常规气象要素一般每天2时、8时、14时观测3次。海水温度、密度（盐度）、波浪、潮汐等每天从5时—17时隔三小时观测一次。

每月向中国气象局海洋处报送海气报表，另外还收集整理新中国成立前东南沿海各灯塔站、航标站的海洋水文记录。

预报服务：1960年起厦门和部分专业台站学习制作海浪预报，在天气预报基础上根据所报风区的风力大小、风时长短及有关技术指标作出潮汐、波浪海流、海温、海水增减等预报，当时由于战备状态，只从内部供给军事及航运领导部门参考。另外应水产部门需要，有些台站还进行鱼群、海带及各种养殖专业预报的赏识。

3. 厦门海洋站简历

1903年由海关的英国代总监负责筹建"厦门灯塔水文观测站"零点定在厦门岛偏南方近海的外户定礁。1904年观测点移至厦鼓海峡中段的江心礁。1905年开始观测，1907年起保存有观测资料。1950年11月移至鼓浪屿偏东方海边的自来水场水站码头。

1957年为中国人民解放军

2006年7月9日，中国气象局宇如聪副局长在厦门考察海洋气象项目建设

航保部接管，改名为"东海舰队厦门海测组"。1960年转入厦门海洋水文气象台，成为台里的一个海洋组，1966年划归国家海洋局东海分局厦门中心海洋站管辖。

敏感行业气象

1. 交通行业气象

交通运输受气象条件的影响很大，大雾、沙尘暴、暴雨、暴雪、大风、雷暴、高温以及低温引发的陆面结冰等恶劣天气都会对交通运输造成不同程度的影响。厦门交通受气象条件影响较大的主要有城区交通、海上交通和航空交通，公路交通和铁路交通影响相对较小；不利的气象条件主要有大雾、大风、暴雨、雷暴和高温等。一年四季不同的气候特点对交通运输的影响也不同。

春季是阴湿多雨的季节，也是冰雹、雷雨大风等强对流天气易发的季节。春雨期（3—4月）阴雨连绵，能见度低，大雾、雷电是此期影响交通的主要不利天气特点。梅雨期（5—6月）多暴雨，洪汛最为频繁，易出现内涝，山洪暴发，塌方滑坡，道路淹没，桥梁被毁，阻塞交通。

夏季，晴热多台风，易现强对流天气。大风、暴雨、雷暴和高温是夏季交通主要不利的气象条件。

秋季，天高云淡，气候凉爽，由天气原因引发的交通事故明显减少。

冬季晴冷少雨，无严寒，无霜期，但也有暖湿气流活跃北上引发的海雾严重影

1996年6月2日中国气象局邹竞蒙局长、马鹤年副局长出席厦门市海洋气象台挂牌成立大会并题词

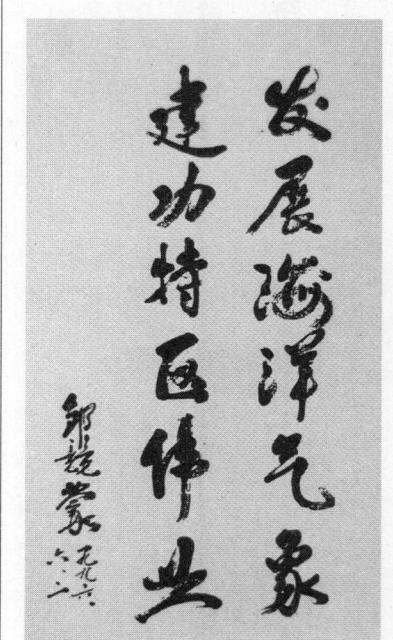

气象服务

响交通。

大雾影响

雾是引起各类交通障碍最主要的原因之一。轻雾会使能见度降低,车速受限,行车时间延长;而大雾,特别是浓雾,会严重影响视程,造成方向、间距等判断偏差,以致发生车辆追尾、刮擦,甚至相撞的严重交通事故。雾也易使海上航行的船只搁浅、触礁,或发生相撞事故;浓雾使船只压港,无法正常开航,延误航期。浓雾常导致能见度过低,达不到飞机起飞或降落标准,使飞机无法正常时间起飞导致延期或取消,飞机无法降落不得不备降其他机场。

厦门地处沿海,风力较大,不利于辐射雾的形成,但海雾多发,平均每年大雾39天。台湾海峡有两种洋流:一种是浙闽沿岸的冷流,一种是黑潮分支的台湾暖流,从而使台湾海峡表层水温形成东暖西冷,北低南高的分布趋势。在适宜的天气形势下当台湾海峡上空北上暖流活跃时,厦门沿海就易出现海雾。这类海—气配合条件产生的海雾多见于冬春季节,也是厦门大雾的高频季节,占厦门年雾日的70%以上。由于海雾范围广,持续时间长,往往日出之后较长时间才会消散。雾使能见度大大降低,有时能见度会降至几十米以内,厦门每年基本上有2次以上因海雾影响严重影响交通运输。如2004年2月19日突现厦门海域的大雾使厦门鼓浪屿轮渡停航,造成数千人滞留鼓浪屿,而载有返台台胞达数百之多的厦门"同安"号客轮在厦金航线上也因受突来大雾的影响与集装箱轮相撞,险些造成船毁人亡大祸。又如2008年1月中旬初受暖湿气流的影响,华东地区出现了大范围的大雾天气,厦门能见度几度降至100米以内,10日14时至11日12时,厦金航线所有航班被迫取消,全线停航;厦门机场取消航班15架次,延误航班71架次;11日仅6时至9时,共接到54起市区车辆追尾、刮擦等交通事故的报警,较往日同期增多了25%左右。

大风影响

由于台湾海峡狭管效应的影响,厦门大风出现频率大,风力强,平均每年大风日数27天,以冷空气南下引起的东北大风为最多,其次是偏南大风。季节分布以台风季为最多,占31%;其次是秋季和春雨季,分别占22%和17%。台风大风风力特强,对各类交通都有较大影响,引发的灾害也重;如2009年6月中旬末、下旬初的0903号强热带风暴从南海北上,6月21日20时30分在福建省晋江东石镇登陆,厦门出现持续强风,市区风力达7~8级、阵风11级,沿海地区风力9级、阵风11级,进出岛的各大桥桥面上风力

9～10级、阵风11～12级，导致仅市区就有1000多棵树木被吹倒。此次台风过程还导致厦门机场飞机取消或延误111班次，厦金航线停航两天；风力过大，使桥上行驶的车辆方向盘控制困难，造成进出岛大桥以及BRT快线关闭停运10多个小时。由于预报准确，市委、市政府及早部署、科学决策、组织得力，有效地采取防范措施，未发生严重的交通事故。

冷空气南下引发的大风，出现频率大，持续时间长，一般为3～5天，风力虽不及台风大风，但瞬时风速也可达11级以上，主要对海上交通的危害较大，尤其是持续的大风天气给吨位较小的船只的航行和进出港口造成重大影响。强对流系统所致风灾出现概率虽小，但也会引发严重的灾害，如1984年4月5日飑线过厦门，最大阵风达45.6米/秒，东渡港195吨的吊车脱轨，吊臂拉杆毁坏，损失近百万元。

暴雨影响

陆上交通易受水灾危害，汛期的暴雨洪涝、夏季的台风暴雨以及短时的强降雨都可造成城区内涝、山洪暴发、山体滑坡，引发泥石流，毁坏公路、桥涵，致使交通中断，甚至引起人员伤亡。强降雨造成视程障碍，不仅影响陆上交通，也会危及其他交通安全。强降雨引发低能见度，易使车辆发生追尾、刮擦，甚至撞车、撞船等交通事故发生。2008年6月13—14日厦门连续2天出现暴雨天气，由于降雨强度为150年一遇，其最大24小时暴雨频率为20年一遇；海沧站最大1小时雨量达73.5毫米，最大3小时雨量达127.5毫米，降雨强度达30年一遇；此次高强度、大范围的强降雨致使部分道路积水、近70处低洼地带受淹，最大受淹水深近2米，严重影响了城区交通。

雷暴影响

沿海热力对流作用较弱，沿海地区的雷暴日数较内陆地区少。厦门年平均雷暴日数40.5天，只有福建省内陆地区的一半左右。雷暴是被世界航空界和气象部门公认的严重威胁航空飞行安全的天敌。雷暴云是一种强烈的不稳定云系，雷暴云中气流的上升和下沉运动都非常强烈，夏季雷暴云的顶部高度最高可达到17～18千米。出现雷暴时，不仅飞机易遭雷击、无线电通讯系统会受到严重干扰外，还可能出现如下情况：云中强烈湍流和阵性垂直气流，引起飞机的强烈颠簸，使飞机偏离航向，不能保持飞行高度，飞机的操纵性能恶化；云内温度低于0℃部位出现强烈的飞机积冰；云下阵风和强烈风切变，可造成飞机失速、倾斜、严重偏离下滑道而失事；冰雹和龙卷风对飞机的毁坏以及停场未入库飞机和机场设备的损坏。如果

气象服务

飞机不慎进入云中，强烈的气流会造成飞机中度以上颠簸，如果气流极为强烈，甚至可以使飞机的飞行高度在瞬间上升或下降几十米甚至几百米。这时，由于飞机的剧烈震动，飞机上的仪表指示往往滞后，不能准确地反映飞机瞬间的飞行状态，因此飞行员的操作稍有不慎，就会导致飞行事故发生。厦门机场每年都有因雷暴天气或多或少延误或取消的航班，2008年因雷暴影响，延误251班次。

高温影响

对于陆上交通最适宜的日平均气温为5℃～28℃，当最低气温降至3℃以下，陆面出现结霜或结冰时，车辆易打滑，制动刹车距离延长，应急刹车易出事故。由于厦门冬季最冷月的1月平均气温12.6℃，除了海拔较高的靠山地区外，日平均气温都在4℃以上，市区气象史上最低日平均气温为4.3℃，出现于1986年2月28日，几乎无霜期，所以低温对厦门陆上交通影响不大。当日平均气温在30℃以上或最高气温超过35℃时，车内闷热，司机易疲劳，是安全行驶的隐患，同时持续高温会使较旧的车辆发生自燃或爆胎事故。厦门常年≥35℃的高温日数5.2天，1977—1979年厦门夏季高温最多，每年均达17天，夏季高温对厦门的交通运输还是有一定影响。如2007年夏季持续高温天气使厦门市区发生旧机动车自燃现象，仅7月机动车自燃报警就达20多起。

2. 蔬菜生产气象

目前，厦门农作物种植主要以蔬菜为主。厦门气候暖热，雨水充沛，光照充足，冬短温和，全年几乎无霜期，生长季长，温度有效性高，光、热、水等气候资源丰富且同季，蔬菜生产气候资源丰富。

热量资源是农作物生活所必需的环境条件之一。厦门主要蔬菜种植基地—同安，常年平均气温21.1℃，常年日平均气温低于10℃的日数为9天，日平均气温10℃的年活动积温7646.7℃；年平均最高气温25.6℃，年平均最低气温17.9℃；最冷月的1月平均气温13.1℃，月平均最低气温9.6℃；最热月的7月平均气温28.4℃，月平均最高气温为32.3℃；秋温23.3℃，明显高于春温19.6℃。农作物的生长发育需要在一定的温度条件下进行，而且温度要积累到一定程度后才能完成其一定的生育期，以至获得产品。10℃是喜温作物生长的起始温度，15℃是喜温作物积极活动的温度。

厦门水分资源虽丰富，但由于降水时空分布不均，干旱和内涝均可能发生，影响蔬菜生产供应。雨水是近地面水资源的主要来源，直接影响农作物水分供求及灌溉。厦门受季风环流影响，降水丰沛，同安常年降水量1526.7毫米，但时间上分配不均，干湿季分明；年际变异大，多则洪涝，少则干旱，直接限制农作物对降水的有效利用。厦门约有85%的雨量集中在3—9月的湿季中，3—4月的春雨占18%左右，5—6月的梅雨占29%左右，7—9月台风季降雨占38%左右。

厦门同安常年日照时数1934.4小时，月际有较大差异，7、8月较多，均在200小时以上，2月、3月较少，不足100小时。作物必须在相适应的光、温、水等条件下，才能完成自己的生长发育过程，作物生长期内，光、温、水等条件配合得愈好，产量就愈高，品质也就愈好。春季西南季风爆发，东亚季风雨带开始北跳，厦门气温开始回升，降水也增多，蔬菜生长旺盛，需水量增大；秋季副高南退东撤，干冷空气逐渐南下，厦门气温逐渐下降，降水减少，蔬菜生长减缓，需求量减少。

在厦门出现的冻害、干旱、暴雨内涝或渍害等气象灾害影响，对蔬菜生产影响很大。如2009年1月上旬末至中旬前期受北方强冷空气影响，厦门出现强降温，过程降温达7.4℃，其中同安靠山地区10、11日最低气温降到-0.6℃左右，使蔬菜遭受冻害，据同安区农业部门统计，经济损失达800多万元。2009年8月14日至11月初，厦门降水持续异常偏少，8月13日至10月31日总降水量仅16.8毫米，而蒸发量高达406.0毫米，降水与蒸发相差达-389.2毫米，水分收支严重失调，导致水库蓄水量持续下降，到11月初各水库蓄水量较常年偏少3~4成，全市旱象显现，局部旱情严重。据防汛抗旱办统计，全市农作物受旱面积7869公顷，其中轻旱5764公顷，重旱1838公顷，干枯死亡266公顷。2007年6月5—10日厦门连续6天普降大雨到大暴雨，大部分地区总降水量在300毫米以上，造成了低洼处的道路、农田、房屋、仓库等大面积严重受淹。同时由于农田土壤水分长期处于饱和状态或积水，使蔬菜遭受渍害，还因土壤水分饱和时，土中缺氧，使蔬菜生理活动受到抑制，影响水肥吸收，导致根系衰亡，蔬菜生产受损严重；据《厦门晚报》报道仅集美区灌口镇就有5000亩的蔬菜受淹绝收。2007年8月15日受低涡切变影响，厦门普降暴雨到大暴雨，9—10时仅1小时同安达44.3毫米，豪雨使同安区5635亩农田受淹，直接经济损失达155.9万元。

3. 旅游行业气象

厦门地处台湾海峡南部西侧、福建南部的九龙江入海处，是我国海湾型城市之一，盛行风向偏东风，属南亚热带海洋性季风气候。常年平均气

气象服务

温20.6℃；1月最冷，常年月平均气温12.6℃，平均最低气温为9.9℃；7月最热，常年月平均气温28.0℃，平均最高气温为32.3℃。年极端最低气温1.5℃，出现在1999年12月29日；年极端最高气温39.2℃，出现在2007年7月20日。常年≥35℃高温日数5.2天。常年平均降雨量1315.2毫米，在多雨的华南地区属少雨地区，是淡水资源相对匮乏的海湾型城市之一。常年平均雨日125天，但以小雨居多，占总雨日的70%，且降雨时段常出现在凌晨；常年中雨及以上的雨日37天，大雨及以上的雨日15天，暴雨日数4.6天。

厦门市冬无严寒，夏无酷暑，四季如春，雨水丰沛，但较大降雨的日数少，终年树木常青，鲜花盛开，环境优美，是一年四季都适宜观光旅游的海岛城市。对旅游业不利的天气气候主要是台风，直接或间接影响厦门的热带气旋平均每年3.6个，大多数年份只有1个较严重的热带风暴或台风影响，也有一些年份台风会正面袭击厦门，给厦门旅游业造成较大影响。如0519号热带风暴"龙王"于9月26日08时在西太平洋生成，生成后向西北偏西方向移动，于27日8时加强为台风，10月2日早晨5时30分在台湾花莲县附近沿海登陆，登陆时最大风速50米/秒；大约在上午10时30分进入台湾海峡后，移速减慢，平均移速15千米/小时，于21时35分再次登陆厦门，登陆时近中心风速33米/秒，风力12级，台风登陆后继续向偏西方向移动，3日上午8时在龙岩市境内减弱为热带低压。受0519号台风"龙王"正面袭击厦门的影响，虽没有出现大的灾情，但正值国庆旅游黄金周，许多旅客还是取消或改变行程，酒店遭遇大量退房，台风"龙王"给旅游业造成较大的经济损失。

4. 电力行业气象

厦门电力来源基本是火力发电。气候对电业生产的影响，主要在电力输送方面，尤其是架设线路与气候的关系更为密切；当然夏季持续高温也会给供电负荷造成压力。雷暴、闪电、龙卷风、大风、暴雨、冰雹、低温凝冻、高温等恶劣天气都会威胁电力的安全输送，但厦门电力输送主要受强雷暴、台风大风和暴雨等恶劣天气影响。

雷电直接击中电线，或雷电的电磁感应电线使之产生超过正常的电压，引起电线闪络，或击穿绝缘物；若击中比较细的电线，强大的雷电流产生高温可将电线熔化，甚至还会引起火灾。厦门地处沿海，雷暴日数较内陆少，但平均每年也有40.5天，电业生产每年也有因雷电影响引发或轻或重局部性灾害。如2008年5月25日13时左右，厦门市出现强雷雨天气，不少变压器遭强雷电袭击，导致部分区域停电，主要集中在同安新民镇、洪塘镇、集美北部和大唐世家一带。

风会引起电线的振动和舞动，增加横担或杆塔的静力负荷，使线夹附近电线的金属疲劳以至断股，或并行的导线之间由于摇摆不同步而闪络，或杆塔静力负荷过大，导致电杆倾倒，或者导线和地线接触短路，损坏电器设备。平均每年有3.6个热带气旋影响厦门，虽然大多数年份只有一个较严重的热带风暴或台风影响，但台风带来的大风会给电力输送线路造成较大危害。如2009年0903号强热带风暴引发的大风造成电力输送线路短路、跳闸断线及倒杆等，仅10千伏输电线路跳闸就达11条。

5. 保险行业气象

厦门作为海西重要中心城市和对台交流合作"先行先试"的特区，计划构建区域性金融服务中心，全力推进保险业的发展。在全球气候变暖的大背景下，天气变化的波动性逐渐增大，气象灾害趋多趋重，气象灾害占自然灾害总数的70%以上，给社会、经济活动造成较大损失，对防灾减灾、安全生产和人民生产生活造成了较大影响，导致世界经济乃至保险业遭受巨大损失，气象灾害日趋频繁将使保险经营面临越来越大的风险。

厦门既有温带地区常见的气象灾害，又有热带地区常见的气象灾害；既有陆地滋生的灾害，也有来自海洋的灾害。一年四季都有出现灾害的可能。冬季常见的是与冷空气联系密切的灾害，夏季是与热带天气系统密切联系的灾害。细分主要有台风、暴雨、干旱、寒潮、大风、飑线、冰雹、高温、雷暴、龙卷风、海雾、酸雨、干燥等灾害性突发性天气和其他气象自然灾害，都有可能给国家和人民生命财产造成损失，都与保险业息息相关。气象灾害对厦门保险业的影响，以台风、暴雨和大风等影响为重，其中台风影响最大，由于台风的影响大多是大风伴随暴雨，破坏性极大，常对人身和财产造成较大程度的损害。直接或间接影响厦门的热带气旋平均每年3.6个，大多数年份只有一个较严重的热带风暴或台风影响，也有一些年份台风会正面袭击厦门。暴雨给厦门保险业的影响也是比较大的，暴雨会导致门、窗户未关好使室内的木地板、电器及其他设备被淋或雨水浸泡受损；降水过于集中无法及时正常排出，使地下车库进水，车辆被淹受损；降水过于集中导致内涝使低洼处的设备、财产被淹受损等。而厦门年暴雨日数虽只有4.7天，但因暴雨或短时强降雨引发的或轻或重内涝每年都

气象服务

有2次左右，导致财产损失。如2008年6月中旬前期和4月20日的暴雨过程，均造成局部的洪涝灾害，其中6月中旬前期厦门各地出现连续2天以上暴雨或大暴雨天气过程，使厦门4个区均遭受不同程度的损失，据中国平安保险公司厦门分公司统计，此次造成了该公司气象灾害理赔约150万元。

保险监督、气象部门加强合作，探索气象灾害风险管理，有效降低气象灾害保险赔付。灾害天气的发生，人是无法控制的，但可以通过灾害性天气预报、警报以及天气信息等，提早布置、防范，做到有效应急、救灾，把灾害降到最低限度。为此，厦门市保监局与市气象局加强合作：一方面，合作建立并维持了应对气象灾害合作机制，进行灾害预警、信息共享和气象服务，树立"防重于治"的思想意识，提高保险业的效益。另一方面，认真贯彻落实中国保险监督管理委员会《关于做好保险业应对全球气候变暖引发极端天气气候事件有关事项的通知》（保监产险[2007]402号）精神，加强保险与气象部门的全面、紧密合作，增强应对气候变化、防范气象灾害的能力，提高气象灾害风险管理水平，共同做好应对气候变化、防范气象灾害工作；通过建立健全工作联系机制，加强保险与气象部门间的沟通与合作，逐步形成保险与气象相结合的防灾防损体系，做好应对气候变化、防范气象灾害工作。厦门市保监局、气象局于2008年联合发布《关于加强保险与气象部门合作，共同做好应对气候变化、防范气象灾害工作的通知》，并抓紧抓落实，取得实效。

气象灾害公共管理与气候变化社会应对

厦门地处东南沿海,是著名的滨海风景旅游城市。在全球变暖的大背景下,厦门作为一个沿海岛屿、海湾城市,是气候变化影响的敏感脆弱区,极端天气(气候)灾害对厦门威胁很大,气温增高、海平面上升对厦门城市潜在威胁更大;厦门又是气象灾害频发城市,每年四季都可能发生气象灾害(如台风、暴雨、干旱、海雾、高温、雷电等气象灾害时有发生),对工农业生产、公共安全、水资源、交通、环保、海上作业等都构成严重威胁。

在近代历史上,厦门曾经历多次台风灾害,根据地方志等文献资料记载,破坏性最严重之一是1917年厦门遭遇的强台风。当时全国著名报纸《申报》曾连续五次对其进行了报道。1917年9月12日,台风肆虐厦门,9月15日《申报》发出了简短的新闻通讯,及至26日,《申报》进行了题为"厦门风灾之所闻"的报道:"……沿海一带被灾情状惨目伤心,此诚数十年未有之奇灾也。此次飓风先无朕(征)兆,海关亦未表示风旗以作警告,故海边大山船只者皆不及提防暴风骤起,海上船只逃避不及,均遭极大损失……合厦门鼓浪屿两岸所损坏者,约计五六百只……因不及逃避死于非命者数以百计,真是一场奇灾。"

厦门最早的台风预警设施出现在清末光绪年间,鼓浪屿升旗山设置了预报台风消息的风球,风球为橄榄型,通过升起风球的多少来大致预报台风的等级,但很多时候因为台风来前毫无征兆,让人们措手不及,导致损

失严重。

1949年10月7日，蒋介石来厦门视察，忽然台风来袭，狂风暴雨。当时的民众都戏称"这是老天爷给蒋介石的抗议"。

随着厦门市经济社会建设和科技的逐步发展，随着气象业务科技的进步，气象灾害的应急与防御也逐渐进步。时代不同了，同样是天灾，但面对天灾时人们的态度和反应已有很大变化，已不再像以前一样束手无策。

近60年来，历届厦门市委、市政府高度重视气象工作，重视和加强对气象工作的关心与领导，重视和加强对气象事业发展特别是气象业务现代化、气象科技进步和气象人才队伍建设的投入和支持，尤其重视和组织做好气象灾害管理以及气象灾害应急、气象灾害防御等工作，重视应用气象灾害监测预报预警信息科学决策、科学组织灾害防御和灾害救护救治，有效地提升了厦门市应对重大气象灾害的能力和水平，有效地预防和减轻气象灾害，对服务地方经济、促进厦门和谐发展具有十分重要的现实意义。

厦门气象灾害防御体系建设

厦门历届市委市政府高度重视气象灾害应急与防御的规划工作，坚持把气象灾害应急与防御纳入国民经济和社会事业发展规划，重视全市气象灾害应急指挥体系建设。

进入21世纪后，厦门市委市政府尤其重视气象灾害应急与防御的规划，制订了《厦门市"十一五"期间突发公共事件应急体系建设规划》，对气象灾害应急防御明确规定：气象部门负责"气象防灾减灾预警系统"建设，同时还协作配合相关部门共同搭建厦门市"灾害应急援助中心指挥决策系统"和"渔业安全生产应急指挥系统"。并且还负责和相关部门积极配合，做好气象预报预警、突发气象灾害预警等灾害信息的发布工作。

在市政府的组织和重视下，市政府各重要工作部门以及相关重点单位加大对防御气象灾害的投入和基础设施建设，强化了气象应急指挥体系建设，形成了各重要工作部门既相互紧密联系、各自又具行业特色的、较为完善健全的气象应急体系，提高应对气象灾害和突发公共事件的指挥能力，确保在灾害发生情况的通讯信息渠道畅通，对气象灾害的应急响应与防御工作提供最大限度的资金、物资、人员以及装备等各项资源的全方位支持。

全市气象灾害应急指挥体系已建成并不断完善。2006年厦门市防灾、减灾自动信息发布系统投入使用,全面实现多媒体信息自动发布,信息快速传递,厦门市防洪抗旱防台风等气象灾害应急、防御应对能力得到显著提高。各种灾情(包括气象灾害)监测、预报、预警信息已实现及时发送市委、市政府、成员单位、各镇街道、下属单位及水库,有力地促进各种职能部门组织防汛抗旱防台风的协同配合,使得厦门市应对气象灾害能力显著提升。2008年由厦门市政府应急办牵头成立"厦门市防灾减灾应急视频会商指挥系统建设协调小组"并负责组织实施,"厦门市应急指挥系统(一期)工程"于2009年2月通过专家验收。厦门市防灾减灾应急视频会商指挥系统的建成实现了厦门全市防灾减灾视频会议系统、福建省视频会议系统、省防汛视频会议系统与应急指挥会议系统的整合;整合全市应急管理资源,实现平台与部门之间的互联互通和信息资源交换,为市领导了解情况、调度指挥、快速处置提供支持。

由厦门市政府组织和投入,推进"厦门市气象灾害信息共享平台"建设。已初步实现防汛、气象等部门观测、预报

2006年5月24日,气象信息应急系统论证会

气象灾害公共管理与气候变化社会应对

信息和数据的整合，建成"厦门市防汛信息共享平台"并投入使用，实现了气象、水文、海洋三家单位的雨量、潮位、风力测站数据及雷达数据进入市防汛办数据库，可供社会专项查询。发挥了气象灾害预警信号"指挥棒"作用，多层面、广覆盖地及时准确发

《气象专家连线》参与防台应急服务

布灾害性天气预警预报信息。另外，通过网站、电视、电台、报纸、12121电话、以及免费移动短信平台、小区广播、电子显示屏等多种渠道及时发布最新气象预报和气象灾害的预警预报服务信息，服务覆盖范围进一步扩大，实现了与市政府应急部门之间的信息共享与服务。

市政府高度重视气象灾害应急管理信息公开工作和气象灾害信息的媒体传播。通过加强气象灾害应急信息的社会公开（包括投资建设完善"厦门气象网站"，建立广播电视突发性重大气象灾害信息发布制度，建立移动、联通、电信等部门气象灾害应急短信发布制度等），增强气象灾害信息的社会透明度、社会关注度、公众知晓度，增强全社会的气象意识和灾害防范意识。市政府还在"厦门市人民政府网站"设立的应急管理模块，详细设置了应急预案、重要文件、科普宣教、预案演练、工作动态、典型案例、防汛责任人等专栏，并发布如何预防台风、暴雨等气象灾害应急常识。同时网站上发布了厦门地区的干旱、洪水、雨量、风力等气象灾害以及气象要素的等级划分标准，便于有关单位及部门和社会民众及时有效应对气象灾害。

厦门气象灾害应急管理

市政府和各重要工作部门、相关重点单位制订自上而下的气象灾害应急响应体系，形成了有效的社会力量防御气象灾害的动员、组织机制。

新中国成立后，面对气象灾害袭击，厦门市委、市政府坚持把普通民众生命、财产安全放在首位。进入新世纪后，更加重视制订"气象灾害应急预案"以及气象灾害防御的组织、应急机制等建设，重视组织和协调各部门通力合作、动员全社会力量共同抗击台风等重大气象灾害。

厦门市政府高度重视突发事件的应急管理，已经建立"政府主导、相关部门协同、全社会参与的气象灾害应急防御体系"，市、区、街（镇）政府及相关部门、重点单位的重大气象灾害应急预案、防灾组织体制和运行机制已经形成。

厦门市政府系统应急管理（包括气象灾害应急）工作已经规范化、经常化、制度化、法制化和科学化。

市政府建立"突发公共事件应急管理"机构。厦门市委、厦门市政府于2006年下发《关于成立厦门市突发公共事件应急委员会的通知》，明确在厦门市政府办公厅加挂市突发公共事件应急委员会办公室（简称市应急办）牌子，作为市突发公共事件应急委员会（简称"市应急委"）的办事机构，承担其日常工作。厦门市突发公共事件应急委员会办公室的成立标志着厦门市应急管理工作纳入经常化、制度化、法制化的轨道。几年来，经过多方努力，厦门已形成从市政府综合预案到各单位专项预案、从部门预案到现场预案的全方位应急预案体系。

厦门市建立健全"突发公共事件应急管理"的社会预警体系、应急救援、社会动员机制。厦门市政府应急办牵头编制了《厦门市"十一五"期间突发公共事件应急体系建设专项规划》，在《规划》指导下，厦门市建立健全了社会预警体系和应急救援、社会动员机制，完整、通畅、紧密的应急响应体系的建立，利用了各方面力量，优化整合、通力合作，快速、准确地获取灾情数据，快速反应、迅速处理，为政府决策抗灾部署提供重要依据，也为抗灾救援、灾后评估等提供信息支持，并能够进一步提高处置突发公共事件能力。通过对灾害的灾前早期预警预报、防灾救灾预案制订，实现灾害发生过程中的灾害实时监测、灾害损失快速评估、减灾抗灾的应急指挥调度、决策，从而科学组织积极应对突如其来的灾害性天气，为各级领导、各单位部门指挥调度、快速响应、联合行动提供可靠依据。

市政府制订和完善了台风、干旱等重大气象灾害应急工作的系列预案。

厦门市人民政府办公厅于2006年7月25日颁布《厦门市防洪防台风应急工作预案》，2009年11月6日又对其进行了修订，其中对全市台风、暴雨、气象灾害公共管理与气候变化社会应对

洪水、风暴潮产生的灾害及其次生灾害的预防和处置进行了明确规定：厦门市气象台、水文分局、海洋预报台、洪水预警报中心负责台风暴雨、河流洪水、风暴潮灾害的监测预报预警，将信息及时报送市指挥部，并通过新闻媒体向社会公众发布。《预案》要求，气象部门根据《厦门市突发气象灾害预警信号发布办法》，统一向社会公众发布黄色、橙色、红色暴雨预警信号和蓝色、黄色、橙色、红色台风预警信号，通过实时监测、滚动预报、准确预警、业务监控、跟踪服务和影响评估工作，以最快的速度把天气预测信息发向全市。按照《预案》要求：台风影响期间，厦门市气象台每隔3小时要作出台风影响范围和风力、雨量等级的预报，及时发布台风预警信号；电视、广播每个频道都要滚动播报台风信息和防御台风知识，在台风影响或登陆前12小时，厦视2套要与气象专家连线，每小时一次播出台风动态直到解除台风警报。修订后的预案按照按暴雨的严重程度和范围，将响应工作分为Ⅱ、Ⅰ两级；按台风的严重程度和范围，将响应

2006年5月15日厦门市防御0601号台风工作会议在厦门市气象局召开

工作分为Ⅲ、Ⅱ、Ⅰ三级。

2006年7月25日，厦门市政府印发了《厦门市抗旱应急工作预案》。该预案规定：依照以防为主，防抗结合的原则，收集实时旱情，按照《水旱灾害统计报表制度》的规定上报市防汛抗旱指挥部办公室；根据全市雨量站和蒸发站实测雨量和蒸发数据，分析计算土壤含水量指标，低于正常指标，出现旱情迹象时，定时报告市防汛抗旱指挥部办公室；定点监测，建立旱情信息监测点，监测实时土壤墒情，通过抗旱信息系统传输至市防汛抗旱指挥部办公室；以综合报告的形式，由厦门市防汛抗旱指挥部办公室综合上述旱情信息，根据干旱影响范围、干旱程度及发展趋势，及时报告市委、市政府和省防汛抗旱指挥部办公室。在预警预防行动方面，由厦门市气象局负责做好天气气候预测预报工作，预测可能出现干旱性天气情况，厦门水文分局通过分析计算土壤含水量及溪河水位流量等指标，发现有干旱迹象时迅速向市防汛抗旱指挥部办公室报告，市防汛抗旱指挥部办公室根据综合干旱指标分析，确定干旱等级，并提早预警，通知各区防汛抗旱指挥部和各有关部门做好防旱抗旱准备工作。当旱区出现明显降雨过程，水源工程蓄水明显增加，土壤含水量明显提高，旱情明显缓解，农作物受旱面积少于耕地面积的15%，市防汛抗旱指挥部宣布抗旱应急结束，各区和有关部门继续做好后期处置工作。

厦门市人民政府办公厅印发的《厦门市处置重大森林火灾应急预案》中要求森林防火指挥部会同气象部门加强森林火险预测预报。尤其是在高火险时期，各有关单位和部门按照《厦门市森林火险预警响应状态实施细则》要求开展工作。当森林火险等级达3级时，气象部门应在电视台的天气预报栏目中向全市发布黄色预警信号；当森林火险等级达4级时，气象部门应在电视台的天气预报栏目中向全市发布橙色预警信号，市电视台每3小时播放一次橙色预警信号。当森林火险等级达5级时，除在电视台天气预报栏目中发布红色预警信号外，电视台每2小时播放一次红色预警信号，《厦门日报》在第一版刊发红色预警信号。气象部门加强火场天气监测，随时提供火场气象信息，并根据天气趋势针对火场情况制订人工影响天气方案，适时实施人工增雨作业，为尽快扑灭森林火灾创造有利条件。

各区政府、街道办事处制订了更具体的气象灾害应急预案。思明区人民政府于2007年印发的《思明区防洪防台风应急工作预案》中要求根据气象灾害预报预测情况进入相应的响应状态。于2008年4月23日印发《思明区2008年地质灾害防治方案》中针对雨季的强降雨期间或强降雨后的几天内

可能出现的地质灾害防治方案进行了明确规定。殿前街道办事处印发关于《2009年防汛防台风应急救援预案》的通知。

政府各相关工作部门制订气象灾害应急和防御工作,加强防范气象灾害的各项准备。

厦门市有关部门根据市政府的部署和《厦门市"十一五"期间突发公共事件应急体系建设专项规划》,以及各相关部门特点,制订了部门的气象灾害应急预案,细化了防范应对灾害性天气等重大突发事件的程序和措施,针对如何有效应对可能出现的气象灾害性天气都进行了明确的规定,建立起包括应急预案、组织体制、运行机制及服务的完整气象应急响应体系。

厦门市水利局于2009年1月20日印发《厦门市处置水利工程突发公共事件应急预案》对于气象灾害的应急与防御作出如下规定:因台风、暴潮、暴雨、洪水和山体崩塌、滑坡、泥石流等引发的水利工程安全事故适用该预案。在安全防护方面,根据根据事发时当地的水文气象、地质条件、工程特性、人员密集度等,确定群众疏散的方式,指定有关部门组织群众安全疏散撤离。

厦门市海洋与渔业局于2009年11月4日发布《厦门市风暴潮、海啸灾害应急预案》,该预案要求核实热带气旋、大风、大雾等气象灾害的时间、地点及事发海域海况,及时收集气象部门对天气的监测分析情况,以及水利部门对水文状况的监测分析情况,预报风暴潮、海啸等自然灾害可能引发水上安全突发事件的信息。按照可能引发水上安全突发事件的紧迫程度、危害程度和影响范围,确定预警信息的风险等级。

厦门市海洋渔业还制订《厦门市渔业船舶水上安全突发事件应急预案》,将气象灾害预警信息的风险等级从高到低分为4个等级:(1)特大风险信息(Ⅰ级)。热带气旋、风暴潮、海啸等天气在24小时内造成海上风力10级以上、内河风力8级以上的信息;雾、雪、暴雨等能见度造成能见度不到100米的信息。(2)重大风险信息(Ⅱ级)。热带气旋、风暴潮、海啸等天气在48小时内造成海上风力10级以上、内河风力8级以上的信息;雾、雪、暴雨等能见度造成能见度不到500米的信息。(3)较大风险信息(Ⅲ级)。热带气旋、风暴潮、海啸等天气造成海上风力8~9级以上、内河风力6~7级以上的信息;雾、雪、暴雨等能见度造成能见度不到800米的信息。(4)一般风险信息(Ⅳ级)。海上风力7级以上、内河风力6级以上的信息;雾、雪、暴雨等能见度造成能见度不到1000米的信息。同时规定：当气象灾害预报预警信息表明可能威胁水上人员生命、财产安全或造成水上安全突发事件发生时，各区渔业行政主管部门根据气象部门对天气的监测分析，按照可能引发水上安全突发事件的紧迫程度、危害程度和影响范围，根据预警信息的不同风险等级采取应急响应行动。

另外，厦门市海洋渔业制订的《厦门市海洋渔业防台风工作预案》、《厦门市海洋渔业系统防台风工作预案》中对于台风等灾害性天气的防御都有明确规定：对于台风等气象灾害的准备工作，各区政府防汛办、海洋渔业主管部门在防台风季节要确保通讯设施完好通畅，并在台风来临前设立渔业防台风紧急避难场所，落实避难救助专项经费、设施与措施，为防台风期间人员紧急撤离提供避难及生活场所，保障安全。预案的实施根据厦门市政府防汛抗旱指挥部发布的不同级别的防台风通知，启动进入台风消息阶段、台风警报阶段、台风紧急警报阶段、台风警报解除恢复正常阶段等4个不同的响应阶段来对可能影响厦门的台风进行积极防御。

厦门市劳动和社会保障局于2009年下发《厦门市社会保险管理中心突发公共事件应急预案》，在应急保障部分中要求，做好防台风、防汛抗旱的应急物资储备。

厦门市建设与管理局制订了系统防洪防台风工作预案，要求：及时了解、掌握台风、汛期等水文运行动态，落实防洪防台风的物质和经费，成立了专门的防洪防台工作领导小组，由防洪防台工作应急联动单位负责暴雨、台风等气象灾害性天气的抢险救灾工作。

厦门市建设与管理局于2009年1月9日公布《厦门市建设工程重大事故灾难应急预案》（对2004年制订的《厦门市在建建筑工程及建筑施工紧急情况应急预案》进行修订）。重新修订后的预案规定对于包括台风、洪汛等自然灾害在内的突发事件所可能引发的建设工程重大事故灾难适用该预案。

厦门市国土资源与房产管理局制订了《厦门市房屋防洪防台风抢险救灾预案》，其中"防台风预案部分"规定，根据厦门市防汛抗旱指挥部发布的关于台风或热带气旋的防风预警通知，启动进入4个响应级别：台风或热带气旋正在发展阶段暂时对厦门无明显影响，进入准备阶段；当台风或热带气旋24小时内可能影响厦门，通知住户搬移可能被台风吹倒的物品，准备危险房屋和低洼地带住户的疏散撤离；当台风或热带气旋将在12小时内影响厦门时，各抢险救灾人员全部坚守岗位，进入临战待命状态，随着准备根据情况变化组织开展巡查和住户撤离、转移和灾情救治工作；当台

气象灾害公共管理与气候变化社会应对

风或热带气旋已登陆并减弱热带低压，对厦门不再有影响时，根据实际情况部署防洪排涝工作，在无明显降水后恢复正常值班，同时做好灾后安置和出险房屋的善后救治。

同时，为提高房屋安全抵御各种灾害性天气的能力，最大限度的降低气象灾害损失，在灾害来临前组织做好房屋险情的排查；市国土资源与房产管理局成立房屋抢险救灾值班中心和抢险分队，在灾害性天气预报发出后和灾害性天气期间检查和指导有关抢险机构做好值班、住户转移、救灾物资调配和险情救治等工作；坚持做好汛前预警准备，各房屋安全责任单位在每年的4月30日前组织进行一次房屋安全检查，各区危改办、房管所每年4月30日前完成汛期住户应急疏散方案的拟定。下属的市危房抢险队在正常天气情况下重点受理本市直管公房的险情救治，在灾害性天气期间负责全市房屋险情救治工作。

厦门市文化局制订了《厦门市公共文化场所和文化活动突发事件应急预案》，该预案要求：在厦门市发生台风、洪灾等紧急突发事件时，根据厦门市有关部门发布的情况信息及工作要求，立即研究确定处置方案，实施文化场所、文化活动的应急措施，避免、减少损失和次生灾害的发生。根据灾情情况，对容易发生次生灾害的单位实施紧急保护处置和特殊保护措施，对重点文物保护单位、贵重物品保存和经营单位实施紧急预案，治安保卫人员加强安全保卫工作。根据灾情的需要调度物资和人员对需要支援的单位给予援助。坚持以"预防为主"的工作方针，定期组织突发事件应急预案演练活动，提高抵御各种自然灾害的能力。

厦门市旅游局对于台风自然灾害应急救援处置出台了明确预案。《厦门市旅游突发公共事件应急预案》明确包括台风、暴雨、冰雹等气象灾害均属于突发公共事件的范围。当自然灾害和事故灾难影响到旅游团队的人身安全时，按照救援机制立即启动突发自然灾害和事故灾难事件的应急救援处置程序，进入应急状态。当省、市防汛抗旱指挥部发出防御台风警报后，市旅游局旅游突发公共事件应急协调领导小组根据实际情况决定是否启动应急预案。应急预案一旦宣布启动，要立即召开全市旅游企业（旅行社、饭店、景区）负责人会议，部署防御台风工作。要根据省、市防汛抗旱指挥部和气象、旅游等相关部门要求，结合当时当地实际情况，研究决定和发布景区的关闭和开放信息。

厦门市工商行政管理局于2008年3月印发的《厦门市工商行政管理局户外广告牌防抗台风及抢险工作预案》在运作程序上分4个不同阶段积极应对

台风等气象灾害：（1）准备动员阶段。每年定期组织对各广告公司的防抗防灾情况进行收集、整理；重点对设置于海边、屋顶或空旷地区等风力较强位置的广告牌进行巡查，并对广告经营单位逐一检查，有安全隐患的及时加固，不能加固的及时拆除。（2）预警阶段。当气象部门发布台风警报时进入此阶段，通知广告经营单位拆除高危地段户外广告的广告版面及镀锌板。（3）紧急警报阶段。又分为2种情况，当台风警报为10级以下台风时，负责落实各自片区大型户外广告安全的工作队在户外待命，在风力减弱后，立即巡查，发现有安全隐患或被损坏的广告牌通知广告经营单位及时抢修或拆除，并对存在安全隐患的无主广告牌进行拆除；当当台风警报为10级以下台风时，工作队在户外待命，当市政府发布停止上班公告后，领导小组成员及各工作队长在户外待命，其余人员在家待命。（4）当气象部门发布台风警报解除消息后，进入警报解除阶段。工作对立即开展拉网式巡查，及时修复、拆除存在安全隐患或被损坏的广告牌。

厦门市教育局印制下发了《厦门市高考期间防抗台风暴雨洪灾等突发自然灾害应急处置预案》，该预案对厦门高考期间可能出现的台风、暴雨、洪灾等突发性自然灾害制订了详细的应急处置措施，力求最大限度降低灾害给高考带来的损害程度，切实维护考生的生命安全和高考考试安全，保证高考顺利进行，保障社会的安定与稳定。预案要求各考点及时清理和疏通下水道，防止考点内涝。检查考场门、窗和考试用的各种硬件设施，防止因风雨侵袭对考试的正常进行产生影响。密切关注天气预报，风雨来临之前靠近山体的考点要认真排查，严防山体滑坡、泥石流等地质灾害对考试造成影响。若有可能受到影响，应尽早转移考场或考点。考区、考点备足塑料袋或塑料薄膜等防雨、防潮用具，遭遇风雨时做好试(答)卷在运输、传递过程中的防水、防潮工作。同时要求各考区设置备用考点，遇到突发灾害导致原考场不能正常考试时，立即将考生转移至备用考场或备用考点考试。考前各考点预备足够的考生休息场所，并联系好宾馆和餐饮部门支持应急工作。若遭遇大风暴雨考生无法回家时，考点及时安排考生在考点内休息，为考生提供伙食和饮水，必要时为考生安排好住宿。当气象预报有台风、浓雾等有可能造成海上停航的，有关考区和学校应提前组织家住鼓浪屿和小嶝岛的考生转移离开海岛，到市区或考点住宿，必要时由考区或学校协助联系住宿。运输考生外出参加考试的学校应事先对车辆行走线路进行踩点，预测足够的行车时间，做好应急线路的安排。发生洪水、山体滑坡等情况时，及时绕道或按事先踩点的方案改变行车线路。

遭遇强度较大的台风、暴雨、洪灾等，立即报告市政府及省有关领导，执行上级的决策和部署，联动公安、消防、交警、交通运输等职能部门，必要时在各区之间统筹协调考点的迁移和考生的转移，有关考区必须全力支持，同心协力保证高考如期进行。

市交通委员会印发《厦门市防洪防台风应急预案交通部门职责分工的通知》，明确市公路局、运管处、公交集团、路桥集团等单位防御气象灾害的组织、分工与职责：负责组织、指导做好全市公路（桥隧）的防汛防台风工作；根据汛情需要，按照指挥部指令，负责协调BRT停运及关闭厦门、海沧、集美、杏林、五缘、演武、同安湾、丙州、中州、大嶝等大桥和疏港路等高架桥；做好公路（桥隧）在建工程安全度汛工作，及时抢修公路（桥隧）水毁工程，保障交通干线畅通；组织运力，做好转移危险地带群众和防洪防台风物资的运输工作。要求各相关单位，对重点项目、重点部位以及其他可能出现问题的地方加强排查治理。临海、低洼区域和临山体等交通基础建设施工单位、各道路运输企业和系统各单位，要按照防强台风、强降雨的标准及要求，排查治理存在的隐患，确保危房、人员密集场所（汽车站、营业厅、工地工棚等）和地势低洼场所排水系统等重点目标、部位及关键设施的排查治理到位，各项防护措施落实到位。

市城市综合管理部门制订了《厦门市突发公共事件城市管理行政执法应急预案（试行）》，对气象灾害应急作如下规定，根据历史资料和专家分析研究，对厦门市可能造成影响和威胁的主要自然灾害有：台风、暴雨、风暴潮、赤潮、龙卷风、浓雾、高温、雷击、地质、地震灾害；可能影响城管行政执法工作正常运作的自然灾害主要有台风、暴雨、风暴潮、高温及地震灾害等。当上述气象灾害发生时，厦门市城市管理行政执法部门将根据气象部门发布的气象灾害预警信息进入不同的应急响应级别。并明确指出自然灾害应急管理工作的重点是城市重要基础设施（机场、道路、桥梁、邮电通信及水、电、煤气、公交、污水处理等）、近海岸设施（海堤护岸、轮渡码头、港口设施、近海船只等）、防洪水利设施（水库、堤坝、员当湖）、房屋建筑（危旧房屋、建筑工地）、公共服务设施（学校、医院、银行、商业店面、园林设施、旅游、文化设施等）、生产车间、物资仓库、危险品（如易燃易爆物品、有毒气体）堆放场所等。

厦门海事局于2007年修订出台《防御台风工作预案》。该预案将台风预报分为5种：消息、沿海警报、警报、紧急警报和警报解除；预警级别分为4级，由低向高逐级递增，分别是4级（蓝色预警）、3级（黄色预警）、2级（橙

2008年5月23日晚上,厦门市政府举行"台风及灾害预测预防知识"专题报告会,中国气象局上海台风研究所的博士、研究员余晖主讲报告。

色预警)和1级(红色预警)。为保障海上作业船舶和人员及时了解台风的预报、预警信息,厦门海事局通过下列方式向辖区范围内的航行船舶进行及时的转发、转播:(1)甚高频无线电话(VHF)及其他有效方式向海上船舶、设施转播相关的预报、预警信息,或发布航行安全信息;(2)鼓浪屿升旗山信号显示风情信号;(3)传真、电话、手机短信通知辖区内航运公司和其他有船单位。当台风进入Ⅱ级防区,未来24小时将正面袭击辖区或对辖区有严重影响,厦门气象台发布台风紧急警报、红色预警信号时或者当厦门市防汛指挥部发出"第3台防台通知时"或者接到上级机关1级响应指令时,厦门海事局将进入I级响应行动,发布防台工作"1级响应"指令,由VHF话台对外《台风信息通告》播发,通过电话、传真要求厦门海上搜救中心各成员单位和海上搜救力量与设备进入防抗台风和应急搜救准备。同时,派出抗风能力好的海巡船艇巡查航道,疏导船舶,要求在港船舶进入锚地或到外港避风;加强对在港避风船舶的监视监控,及时提醒、警告走锚船舶或安全间距过小的船舶采取防范措施;要求在船舶停止航行和作

业活动,不具备防抗台风能力的船舶可减少或全部撤离船上人员;对于不按规定进行防台风或者继续冒险作业的船舶予以制止,不听劝告的,立即以书面形式通知船舶的主管单位、当地政府;VTS中心密切监控海上避风船舶,及时向发生走锚的船舶进行提示或发出警告,指导其采取有效的措施避免险情扩大,防止船舶碰撞、搁浅。

交警、港口、码头、景区、机场等重点单位纷纷已制订细致的"气象灾害应急预案",细化了气象灾害应急和防御的组织、措施的操作性。

交警支队采取四条措施积极应对洪涝台风干旱等自然灾害: 一是组建领导小组及其工作机构,成立由支队长任组长,政委、副支队长任副组长的防汛抗旱暨防台风、防洪涝灾害道路交通安全保卫工作领导小组,领导小组实行支队长、大队长一把手负责制,统一指挥,分级分部门负责,下设指挥协调组、宣传发动组、道路交通勤务组、后勤保障组、通信保障组。二是明确细化责任分工。其中,指挥协调组主要负责收集掌握汛情、险情、灾情等有关台风、洪涝灾害信息和道路交通运行、受危情况,根据上级的指示精神发布防台风、防洪涝灾害道路交通保障措施的通知,提出

厦门市政府召开防台风会议

支队防洪防台风的工作意见，制订相应的处置预案，协助支队领导协调各单位做好防洪防台风工作。及时汇总处置工作总体情况，分析经验得失，补充完善处置工作预案。宣传发动组主要负责组织动员全体交警参加抢险救灾，组织抢险救灾机动力量，及时掌握、宣传抢险救灾工作中的好人好事，对表现突出的向市公安局推报记功嘉奖。道路交通勤务组主要负责及时疏导防台风、防洪涝灾害期间的道路交通，保证防台防汛车辆优先通行。根据汛情需要，按照市局指挥部及支队领导小组的指令，划定道路警戒区域，并设置临时性的道路交通标志，负责实施道路交通管制。注意发现各种安全隐患，确保道路交通安全，并认真执行市委市政府下达的道路交通管制任务。后勤保障组主要负责提供防台风、防洪涝灾害期间的资金、装备、器材、车辆的准备和内部的现场救护、水电抢修等后勤保障工作；为参与救援人员提供饮食、饮水等，遇风雨天气提供必要的遮风挡雨用具。通信保障组主要负责做好无线电台基站的管理和维护，保障现有的无线集群电台通信畅通、通话音质良好。根据支队领导小组的指令，迅速提供对讲机供备勤增援民警使用。三是充分做好预防预警准备工作。开展汛前安全大检查。要对全市道路交通安全状况进行普查，及时发现道路交通安全设施隐患问题、道路易塌方、塌陷或地势低洼易积水路段，并登记造册，提前上报有关部门整改，同时要加强自身防范。检查充实抢险装备和物资，以及道路交通管制所需设备的准备和供应工作。四是明确防台风、防洪涝各个阶段具体处置措施。当可能发生台风、风暴潮等灾害时：在市气象台发布台风消息阶段，交警支队各单位要注意收听收看天气预报，关注台风、风暴潮发展情况，做好防台风的各项准备。在市气象台发布台风警报阶段，支队防洪防台风应急处置领导小组立即到位，根据上级的指示精神，研究防台风工作措施，动员部署防台风的各项工作，分头到基层检查、督促防台风准备工作。各辖区交警大队进一步检查各项防御措施的落实情况，一线警力必须上路加强路面巡逻，交警支队交通指挥中心、各大队分控中心要加强道路监控，及时发现并排除险情，果断执行道路交通管制指令，确保人民生命财产免遭损害，确保道路交通畅通，保证物资储备、抢险救灾物品及时供应。当市气象台发布台风警报解除消息，各大队要及时调整警力部署，加强道路积水、塌方、塌陷路段的交通组织和疏导，修复被损的道路交通设施，尽快恢复正常道路交通秩序。

当可能发生洪涝灾害时：在接到气象台发布24小时内有暴雨（降雨量50~100毫米）时，各交警大队要按照支队要求认真落实、检查防洪预案的

气象灾害公共管理与气候变化社会应对

准备情况,并做好各项准备工作;要坚持每天24小时值班,增加领导带班和民警值班人数,组织机动力量,密切关注气象信息和洪水情况。在接到气象台发布24小时内有大暴雨或特大暴雨(降雨量大于100毫米)时,交警支队、大队防洪防台风领导小组要立即到位,研究具体防御措施,做好全警动员工作,并根据各自职责分赴基层检查、督促预案和防洪措施落实情况。对可能实施溢洪的汀溪水库、筼筜湖、杏林湾水库要提前通知做好安全防范工作,按照市公安局下达指令,及时发布道路交通管制通告,做好车辆、人员的疏散工作,根据险情发展,划定警戒区域,禁止车辆、人员进入险区,同时保证运载物资储备、抢险救灾物品车辆的道路交通畅通。

厦门港和平旅游客运有限公司根据厦门港口管理局、港务控股集团的要求,于2009年制订防台风、防汛工作年度预案,明确和平客运大楼、邮轮中心客运大楼防台风、防汛工作职责;要求各港站在接到海事局、口岸停航的通知后,立即发布停航信息;通过厦金"小三通"信息网站发布,

每次台风影响和重大社会活动期间,市委市政府领导都亲自到防汛抗旱指挥部与气象专家共商,部署防灾抗灾。

2006年市长张昌平到气象台看望慰问一线值班人员

旅客可在网站查询台风动态及航班情况；在电子显示屏不间断显示台风信息及停航动态；张贴停航告示。同时要求：停车场发布台风避险通知，告知车主择场避风（因车场不具备抗风能力）；通知公司船舶到指定的避风地避风；避风前做好船舶检查，并配备通迅、救生设施，配足淡水、食品，台风期间适时反馈船舶防台风工作，保持24小时联络；负责做好汛期潮高可能导致低洼地带积水、配电室进水的应急准备；敦促各租户加固广告牌；登船机、桥系统锚锭加固，穿铁靴；高杆灯由设施设备部通知夜景工程落架避风；对趸船上的上下船舷梯进行加固等措施。

《厦门高崎渔港防台风预案》规定：当进入台风警报阶段时，市渔港渔船管理处立即通知厦门藉在海上渔船回港或就近港口避风，海洋综合行政执法队加强"扫海"，劝导渔船进入高崎渔港避风。高崎临时批发市场立即停止渔船装卸与交易，转入防台风。

民航厦门空中交通管理站对于防御台风等气象灾害规定如下：当热带气旋强度（中央气象台定位）达到热带风暴（含）以上，同时预计热带气旋未来将在广东、福建、浙江或台湾沿海一带登陆时即要发布台风警报通

报。并制订具体操作要求:(1)当热带气旋的中心位置进入48小时警戒线,每天必须通过手机短信发布一次台风消息。(2)当热带气旋的中心位置进入24小时警戒线,且预计热带气旋未来将在汕尾以北至温州以南沿海一带登陆,每天必须通过手机短信发布两次台风消息或台风警报。(3)当热带气旋的中心位置进入400千米警戒线,且预计热带气旋未来将在汕尾以北至温州以南沿海一带登陆,每天至少三次(建议上午、下午和晚上各一次)通过手机短信发布台风警报或台风紧急警报,同时每天至少一次通过电话进行通报。(4)当热带气旋的中心位置进入200千米警戒线,且预计热带气旋未来将在汕头以北至福州以南沿海一带登陆,必须每三小时通过手机短信滚动发布一次台风动态或台风紧急警报(通常晚上23:00至第二天凌晨6:00停止发布),同时每天至少三次通过电话进行通报。如果热带气旋预计在厦门附近(漳州、厦门、泉州)登陆,至少每两小时通过手机短信滚动发布一次台风动态。(5)当热带气旋登陆,必须及时通过手机短信发布发布登陆消息,如果热带气旋在汕头以北至福州以南沿海一带登陆,还必须进行电话通报。

在市委、市政府强有力领导下,厦门市综合防灾减灾体系已初具规模,大大提高重大气象灾害等公共突发事件应急快速反应和应急处理能力,确保防灾减灾、抢险救灾实现高效有序和科学有效,最大程度地减少人员伤亡和财产损失,保障全市经济社会稳定持续发展,为提高全社会抵御自然灾害能力提供了有力保障。

市委市政府应对气候变化

当前,气候变化正对世界各国产生日益重大而深远的影响,受到国际社会的普遍关注。气候变化所导致的气温增高、海平面上升、极端天气和气候事件频繁发生等,对自然生态系统和人类生存环境产生重大影响。气象观测数据表明:厦门地区的气候变化趋势与我国甚至全球的气候变化总趋势基本是一致的,厦门气候增暖趋势明显;由于气候变化所引发的极端天气气候事件日益突出。厦门正处于经济快速发展阶段,应对气候变化形势严峻,任务艰巨。应对气候变化,事关经济社会发展全局和人民群众的切身利益,事关国家的根本利益。

为贯彻落实国务院《中国应对气候变化国家方案》,有效应对和适应厦门市气候变化及其带来的影响,厦门市人民政府制订了相关应对气候变化的文件，如"厦府〔2007〕384号文件"、《厦门市人民政府贯彻落实国务院关于印发中国应对气候变化国家方案的通知的实施意见》等文件。在2008年1月20日，厦门市人民政府又发出《厦门市人民政府关于成立应对气候变化领导和协调小组的通知》（厦府〔2008〕23号）。该通知中明确规定："根据《国务院关于印发中国应对气候变化国家方案的通知》（国发〔2007〕17号）和《福建省人民政府关于成立福建省节能减排（应对气候变化）工作领导小组的通知》（闽政文〔2007〕230号）精神，结合《厦门市人民政府贯彻落实国务院关于印发中国应对气候变化国家方案的通知的实施意见》（厦府〔2007〕384号）。为加强对厦门市应对气候变化工作的领导，决定成立厦门市应对气候变化领导和协调小组，统筹领导部署全市应对气候变化工作，协调解决工作中的重大问题"。应对气候变化领导和协调小组组长由刘赐贵市长担任。

2008年厦门市政协厦门市政协十一届二次会议上，厦门市气象局局长范新强作的《中南部雨雪冰冻灾害引发的思考——气候变化对厦门可持续发展的挑战及应对策略》建议报告，受到厦门市领导和与会委员的高度重视。2008年2月25日，刘赐贵市长在《中南部雨雪冰冻灾害引发的思考——气候变化对厦门可持续发展的挑战及应对策略》建议报告上作重要批示，就报告中提到的"建议成立厦门市气候变化监测评估中心"问题，要求"市编办、财政、气象局研究"。4月中旬，厦门市委机构编制委员会正式批复成立厦门市气候变化监测评估中心。厦门市率先成为全国各省、市（含计划单列市）成立气候变化监测评估机构。此举也得到中国气象局领导和国家气候中心、气候变化中心等国家级有关部门以及部分高等院校的高度肯定、积极评价与反应。

厦门市气象局于2008年3月底向社会免费开放应对气候变化展厅的布展工作，展厅以展板为主，除介绍气候变化和极端天气事件、气候变暖问题、人类对地球影响、中国气候变化等内容外，还介绍了厦门气候的变化特点，展板图文并茂，内容丰富。

社会各界关注和参与应对气候变化

为了应对气候变化，厦门民间的有识之士做了大量的工作。厦门绿拾字环保服务社就是这样一个组织。它正式注册的时间是2003年8月，但作为一个非政府、非赢利、非宗教的民间环保组织(NGO)，最早开始组织各种民

气象灾害公共管理与气候变化社会应对

众参与的环保活动始于1999年。2007年8月9日，正式通过厦门市民政局的审核，登记注册为民间组织——厦门市绿十字环保志愿者中心。每年通过开展和组织各种活动宣传环保理念，以及气候异常变化带来的种种不利影响。如1999年以来，他们每年通过开展"鹭岛关爱日"（Island Care Day，简称ICD）系列活动，不仅为唤醒民众环保意识作出了突出贡献，而且ICD已经成为厦门人热衷参与关爱环境的一个重要节日。厦门的大中小学校也十分重视对学生的环保教育，许多大型企业也通过赞助各种环保活动来宣传气候变化知识。厦门本地有关媒体积极对各种应对气候变化有关的知识和活动进行大力宣传，如2007年5月16日《厦门晚报》推出专版《环保先锋的厦门生活》，以三个版面内容，大幅面刊登了《改变地球命运你可以》、《我们不做气候难民》、《改变地球命运你可以》、《地球热了》等文章。2007年5月24日，《厦门商报》也以两个版面形式，介绍《2007关注气候变化——节约能源资源 保护生态环境》、《全球变暖的十大惊人后果》等有关气候变化的科普知识。

范新强委员在政协大会上发言

组织管理

明末清初民间的气象工作

1. 厦门地理与气候特征

厦门岛背靠亚欧大陆的闽西山区，东临太平洋，位于台湾海峡西岸，具有显著的南亚热带季风气候特征。早在1122年就有少数渔民在岛上定居，由于从秋季到春季常年受东北季风影响，夏季又屡遭台风袭击，所以就有"海风破脑，居人皆以布裹头"和"房屋低小而多门，上用平屋惧风也，人可行走"的风俗，也是当时人们为了适应自然而采取的防御措施。

虽然经过近千年的时光，到了现代科技大发展的世纪，随着人口日益增长，高楼建筑群不断拔地而起，市区风速相应减小，路上行人包头的现象已比过去少，但是郊区沿海一带农夫裹头的传统还是保留了下来。为了抵御台风侵袭，部分海边渔村住宅至今还是以石砌平屋为主，这些都是人们为了适应自然，确保安全而采取的措施。

2. 厦门港口开发与天气灾害

明洪武二十七年（1394年）厦门筑城以后，逐渐开拓成为商港，邻近的漳州、泉州等地也都要从厦门关口出洋：北上宁波、天津，以至朝鲜、日本；南下广东，以至暹罗、吕宋、南洋诸岛；东去澎湖、台湾。各路海

组织管理

道沿途所经港湾、沃屿、明礁暗石，潮流、风向、风力，以及天气变化等情况，都要探明掌握，它关系着航程的安危和贸易的成败，在台澎海道就经常发生这样的情况："厦船远渡横洋，固畏飓风，又畏无风，大海无橹摇棹拔之理，千里万里只借一帆风力，湍流远驶，倘顺流而南则不知所之矣。操舟者认定针路，又以风信仪计水程行速，望见澎湖西屿头、花屿、猫屿为准。若过黑水沟，计程应至澎湖，而诸屿不见，定失所向。急仍收泊原处，以俟风信。若大风涛喷薄，悍怒激斗，瞬息万状，子午稍错，北则坠于南沃岛，南则入于万水潮，东有不返之忧，或犯吕宋、暹罗、交阯诸外地亦莫可知，海风无定。而遭风者亦不一例，常有两舟平行，一变而此顺彼逆，祸福攸分，出于倾刻，说明渡海的艰难险阻。

600多年来，厦门地区遭受各种天气灾害中，风灾就占20%，多数为飓风，沿海居民死伤无数，船舶损失惨重，实践使人们意识到港口发展，急需气象保障。

经过漫长岁月，厦门人民在海洋生产和航海实践中积累起丰富的"看天占变"经验，在群众中广泛流传，在方志古籍中也能找到一些久远的记载。特别是关于"潮信、风信"《厦门志》的"防海"、"船政"等卷中具有详尽叙述。潮信中有"厦门潮汐时刻"以及和台湾澎湖的比较，也有"外海潮信"记下了每天的涨潮、退潮时辰。但是仅仅懂得"潮信"还不能征服海洋。潮位、海浪还受风、雨等气象要素的制约而互为影响，从某种意义上说"气象"甚至是航运的主宰，因此人们把细心观测的自然界与天气有关的各种现象，归纳在"风信"中，并且根据不同的风向、天空色彩、云块形状、日月星光，出现的晕、珥、虹、雾以及雷电和海上鱼类、潮水的反常等现象，预测风雨来临的时间、强度，当然这些都是凭经验用目测的。

3、气象观测的开始与使用

根据考证，最迟在明末清初的每艘商船、战船上都配备了一名"观风"的编制，谓之"有占风望向者，缘蓬绳而上，登眺盘旋，了无怖畏，名曰亚班，亦曰斗手"，负责监测天气变化。从年复一年的天气观测中，人们发现它的四季变化，从而懂得运用这些基本气候规律来保障自身的安全，例如，在明初的兵制中就提出防海以三、四、五月为大汛，九、十月为小汛。清明后风多东北，且积久不变。五月则风自南来。重阳后亦有东北风，至十月则风自西北来，故设防以风为准。

对海上航行则安排"厦门洋船出口在腊尽春初，乘北风南下，明年秋初，乘南风回棹，风汛衍期不及回棹者曰压冬，再挨来年南风时始可回厦"。

而明朝督兵防倭于海上，还专门做了"戚继光风涛歌"，把天色、光象、云雾、风向、海象等与一年中各个季节的变化，每月的天气特点编成歌谣，教会每个军士背诵，可见当时人们对"气象"的重要性已有相当的认识。这就是厦门早期气象工作的雏形。

厦门建立的气象机构

1. 开港引进

厦门近代气象的出现，是从港口开放引进。早在元明时代就常有倭寇殖民者来犯。1516年开始，葡萄牙、西班牙相继来厦做生意，明朝时就在西门内设立海防馆。1684年清朝在厦门市区中心小山坡的"江夏堂"设立闽海关监督署。17世纪是厦门进出口贸易的鼎盛时期，荷兰人、英国人先后进入厦门港，当时在夷人的海舶上就有："舶师二人来掌候风帆，整理器用探试浅水礁石，发号指使以定趋避。历师专掌窥测天文、观测日夜星光，用海图量取度数以知里数。又有察天者，以玻璃筒式，管长一尺余，内实水银置之，匣中旁书西洋字，其水银自能升降，大约晴明则降，阴晦则升，视升降以知风雨晴晦。"这就是最早见到的一些气象仪器。

鸦片战争后，1843年厦门辟为通商口岸，成为帝国主义列强入侵中国的海上门户。为了维护他们海上航行安全和掠夺所得利益，1862年成立厦门海关，关址由"江夏堂"迁至"海后滩"，海关税务司等要职均由洋人掌握。1868年决定设立船钞部门，负责灯塔、灯船、浮标和仪标的建设、设置和保养，引水的管理。即包括建立"测候站"，为航船提供气象情报，从此厦门有了近代气象工作。

2. 各类气象机构

厦门海关测候所

建所：最早是英国人筹建，设立在市区偏西方海边，北纬24°28′，东经118°04′，海拔4.9米高的海后滩海关内，由理船厅海务处灯塔司的组织管理

外勤人员兼职从事简易的水文气象观测。

另外在厦门市区西南方制高点,海拔129.4米高的白鹿洞山上建立升旗台,瞭望指挥船只进出,悬挂旗号。到1877年方迁至鼓浪屿东侧海滨、海拔54米高的升旗山顶,并扩大业务范围,兼发台风消息和其他情报工作。

仪器:有干湿球温度表、最高最低温度表、气压表(1909年改用福丁式水银气压表),还有雨量器,测云器,风向、风速器等。

这些仪器原来安装在海关旧院仓库的空地上,1909年海关大楼建成后,百叶箱放在大楼底层走廊里,雨量器设在楼顶平台上,风标挂在旗杆上,水位观测是站在码头用望眼镜看"江心礁"(在厦海峡的鹭江中段)的浮标数值。

1950年9月,水文气象从海关分出移交港务局,气象仪器迁至鼓浪屿升旗山和海军信号台在一起,观测到1955年底结束。

观测:气象观测的方法是按照国际规定的云图、符号、码字、单位标准进行操作记载。观测人员没有经过专门学校培训,但多数具有初高中文化水平,由老职工讲授,经6个月"学习生"工作才正式值班。

一般情况每三小时一次。1909年8月16日以前基本上每天3时、6时、15时、21时观测4次,之后每天3时、6时、9时、12时、15时、18时、21时、24时,共观测8次。

每天的观测簿和月报表送港务课长检查签字,一份寄上海海关总署,在海关的"年贸易总结"里记述有一年的雨量等气象数据及重大天气灾害和异常气候特点。

厦门保存的气象资料年代较长,从1886年1月1日起有气温、气压、风、天气现象、雨量。1890年4月起有最高最低温度,1904年8月起有湿度。1935年12月起有云量、云状、云向。1939年4月起有能见度等观测记录,但中间时有停歇。基本上从1904年以后陆续完整系统观测的有云、能、天、压、温、湿、风、降水和水位、海浪等项目,到1944年3月31日止。抗日战争时期记录均有中断和不尽准确之处。其中资料质量较好的有1886—1944年3月的降水量和1904年8月至1944年3月的气温等,已由中国气象局、中国科学院地球物理研究所联合资料室以及上海气象局,福建省气象局资料室,先后编印出版供内部使用。至于保存在厦门的从1907年开始的原始记录,解放后由海关交港务局,1973年时移交给厦门中心海洋站,以后又上报到国家海洋局东海分局存档,其中气象部分已由厦门气象台抄录下来。

除了厦门以外，沿海的青屿、大担、北椗、东椗、乌丘、东屿、南沃等大小灯塔都兼职气象观测，资料都报送到海关，主要供海上救护，保障船只航行安全之用。没有对外进行服务，也未开展天气预报工作。遇有重要天气，上海海关总署会来电通知，厦门海关也利用自设电台抄收香港及外国的台风警报，以便商船、舰队采取避风措施。

厦门大学气象台

由于教学研究上需要，1925年10月1日厦门大学建立"气象台"，设在厦门市区西南方、海边平原的校园内，1926年1月1日开始观测，后来因日寇侵占厦门，厦门大学内迁长汀，厦门大学气象台于1937年4月30日停止观测。

建站：1925年10月1日建立，1926年1月1日开始观测到1937年4月30日关闭。管辖单位为鼓浪屿法国领事馆，主办是厦门大学算学系、物理系。站址在化学院三楼214楼西侧阳台和院后偏东方向的平地上，北纬24°26′，东经118°04′，海拔高度14.5米。

仪器：大部分购自法国，也有美国产品，主要有福尔丁水银气压表、干球温度表、干湿球温度计、最高最低温度表、风仪（初期用风力估计，1928年改用风仪计、风速计）、量雨筒、蒸发皿、地温表、太阳能热力计、日照计、测雷表、空中感应电器和梳状测云器。自记仪器有温度计、雨量计、蒸发计、自记气压表和毛发自记湿度表等。

观测时次：1926年1月1日至1929年1月31日每天6时、14时、17时共观测3次。1929年2月1日至1937年4月改为每天6时、14时、21时共观测3次，为120°标准时，日界21时。

1925年10月开始有总辐射、日照、蒸发、气压自记、温度自记。1926年1月起有气温、相对湿度、最高最低温度、气压、风。1928年4月起有云量、云状、天气现象、温度自记、雨量自记。1931年4月起有雨量。1935年3月起有能见度。1936年1月起有云向云速和地温30厘米、60厘米、100厘米，每天6时、14时观测2次。

从建立起每月出版《厦门气象》一号一年12卷。1936年1月改为《气象月刊》，仍按月出版，内容除常规的气象资料之外，还增加3小时气压倾向，24小时内最高最低气压等。

云量云状按国际规定记载，云向指来向记16方位，云速以角表示，单位千分之一Radian。能见度以0～9级计算，天空状况以云量多寡而定。温度、地温以摄氏度为单位，相对湿度为百分比制，用干湿球求出，还有绝组织管理

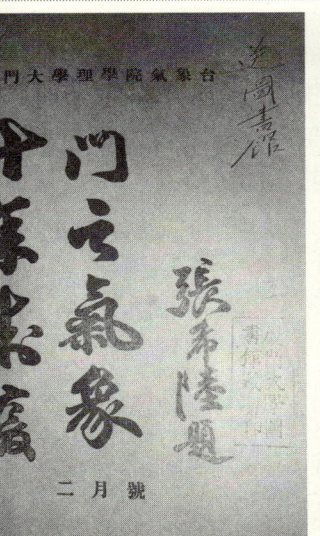
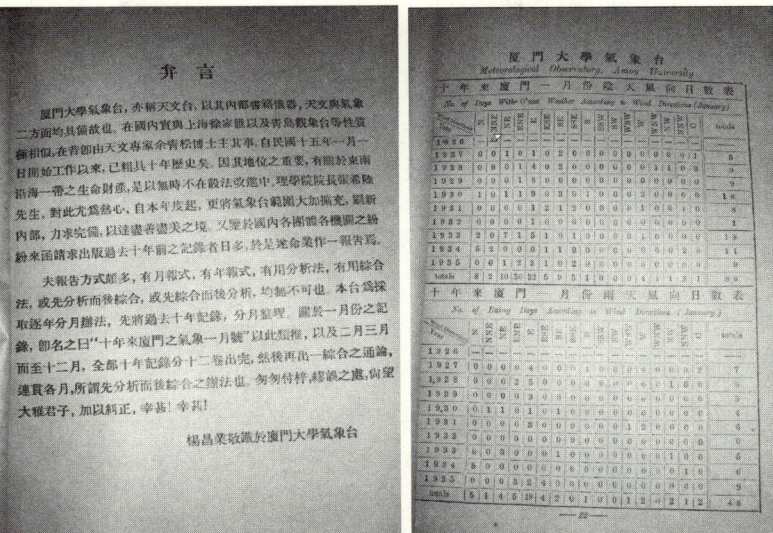

厦门大学气象台资料刊物

对湿度以水蒸气张力之公厘数表示，气压经温度差、纬度差订正计算，否则即只计算到本站气压。风向以16方位，风速以蒲氏风力，否则用米/秒计算。蒸发量、降水量以公厘计算。降水时数、日照时数均以小时为单位。

以上资料质量较好的年代从1936—1937年4月已由中央气象局等部门先后编印出版，供气象局内部使用。

厦门测候所

民国时期在市区西北偏北方向，北纬24°27′，东经118°04′，海拔23.4米高的美头山小山坡上设立过测候所，属于福建省建设厅气象局管辖。

观测时次：1946年10月至1948年6月，每天6时、14时、21时共观测3次。1948年7月至1949年12月改为每天从6—21时每小时1次，共观测16次。保存有《气象月总簿》，较完整的资料从1947—1949年已由中央气象局等部门先后编印出版，供气象系统内部使用。

高崎机场气象站

抗日战争胜利后，国民党空军为了军航、民航飞行安全需要，在高崎机场设立了气象站。其中包括1946年到解放前夕在厦门市区偏西方海边、大同路19号设立的气象台，当时在这座二层楼房的房顶平台上进行地面和高空气象观测，还接收和转发台风警报，并经常往返调防于高崎机场气象站之间。

厦门解放后，解放军接管机场时建立"华东空军厦门气象站"，属华东空司气象处领导。站址在本岛北侧禾山区殿前林，北纬24°32′，东经118°07′，海拔约10.0米高的郊区小平原上。其中1950年6—10月曾临时迁至市区白鹤路6号，海拔40.0米高的营地楼房进行观测。

观测时次：1950年1—5月每天6时、9时、12时、15时、18时、21时，共观测6次。1950年6月至1953年12月，改为每天每小时观测1次，共观测24次。

保存得较可靠的气象资料有1950年1月至1953年12月，已由气象局等部门先后编印出版，供气象系统内部使用。

水库雨量站

自来水公司为了掌握岛上降雨量，供应市民吃水和工农业生产用水，于1921年在岛的南部郊区，禾山曾厝垵上李山头上建成水库。在这里设立的雨量站时间还要早，记载有1880年以来的降水量资料。

以后在郊区后溪的坂头石兜水库、东孚的天竺山和过坂水库、禾山的东山水库等先后设有10多个水文站，积累了厦门各地段的降雨量资料。

以上这些气象机构都是根据不同目的要求而建立，大部分时间不长，项目较少，除了满足本部门需要，没有发挥更大作用。

新中国成立后气象事业的发展

1．组织沿革

中华人民共和国成立后，厦门市气象部门的管理体制和机构，随着整个经济、社会和气象工作任务的变化而不断发展和完善。建国初期，气象部门隶属军队系统，主要任务是为国防建设服务。1953年我国进入经济建设的发展时期，气象部门整体转移地方各级政府领导，1954—1980年，管理体制经历5次大的变动。1954—1961年各级气象台站下放给地方政府负责

组织管理

管理，1962—1970年各级气象台站收归省气象局主管，1970—1973年实行省军区和省革命委员会双重领导以省军区为主的形式，1973—1980年各级气象台站又改为地方政府为主管理，1980年5月全国气象部门实行气象部门与地方政府双重领导以气象部门为主的管理体制。

厦门气象机构的设置随着气象事业和管理体制的发展而变动。截至2008年底，厦门市气象局设5个处室、4个直属单位、2个区气象局。

1949年12月8日，军委气象局诞生，立即着手在北京、南京、上海、丹阳等地举办气象通讯及各种专业干部训练班，培养人民自己的技术人才，迅速恢复和建设各地气象台站，为还在进行的战争提供气象情报、预报、资料，并为迎接全国经济建设高潮开展气象服务做好准备。

1952年8月23日，华东军区气象处所属福建军区情报处气象科派出以林永章站长为首第一批陆军气象人员到在厦门鼓浪屿升旗山的复兴路75号设立了厦门气象站，翻开了建国后厦门气象史新的一页。

1954年1月1日，据中央人民政府政务院、中央人民政府人民革命军的委员会联合命令（1953）联政字第118号，福建省人民政府、中国人民解放军、福建军区联合命令闽政军等001号命令转建后厦门气象站由福建省气象科领导，委托厦门市人民政府、交通部航管局代管，改为厦门气象台，为国家基本站，林永章任台长，汪潮华任副台长。

1955年10月1日，同安县气象站建立，为国家一般站。1956年起林永章兼任厦门气象台党支部书记。1958年9月15日起因承担海洋水文气象工作，按中央和省气象局通知，改名为福建省农业厅气象局海洋水文气象台。1961年8月因省气象局从农业厅分出，再改名为福建省气象局海洋水文气象台。1964年当地关系转为厦门市人委机关代管。1966年3月10日海洋水文气象工作移交国家海洋局厦门中心海洋站，改名为福建省厦门市气象服务台。1968年全国气象系统体制下放到当地政府部门，福建省厦门市气象服务台归厦门市革委会直政组领导，省气象局只负责业务方面的管理。1969年免去林永章台长和党支部书记职务，戴子珍任党支部书记。

1971年管理体制改为军队与地方双重领导，以军队领导为主，厦门市军管会派台长、教导员等干部来厦门市气象服务台实行军管。赵朴任党支部书记，王顺宽任台长。1972年7月，福建省厦门市气象服务台改为福建省厦门市气象台。1974年11月，军代表撤离，11月23日免去赵朴党支部书记职务、王顺宽台长职务，福建省厦门市气象台转为厦门市革委会农业局领导。1975年6月，章省三任党支部书记，金文其任台长。

1979年9月4日，厦门市革命委员会同意厦门市气象台恢复"文革"前的体制，为局一级机构，属于市管，归市农林水口领导。同年，庄振忠任副台长。1979年12月5日，因鼓浪屿升旗山站址不适应事业发展需要，经中国气象局和福建省气象局批准，气象台整体搬迁至厦门东渡狐尾山顶，海拔高度在111.4～139.4米之间，占地范围达1万多平方米。

1980年9月13日省气象部门改为以部门为主的双重领导，福建省厦门市气象台为省气象局的派出机构，政治思想、党团行政、生活管理由地方党政领导部门负责，具体由市农委领导。1981年3月6日，省气象局批准厦门市气象台机构设置为人事秘书科、预报科、观测科、通讯科。1981年6月15日，庄振忠、李尚志任副台长。1981年8月22日，省气象局党组任命林永章为厦门市气象台台长。1981年12月初产生厦门市气象台党支部，林永章兼任支部书记。1983年6月，省气象局任命李尚志为厦门市气象台台长，陈如能、王世德为副台长。1983年11月24日，省气象局批准厦门市气象台下设机构为人秘科、预报科、通信科、探测科。1984年11月18日，省气象局同意成立厦门气象服务中心。1985年3月7日，省气象局任命郑成均为厦门市气象台台长。1987年5月10日，根据省局文件精神，成立厦门市气象台办公室和人事科，撤销人秘科。

1989年1月18日，经福建省气象局批准，成立福建省厦门市气象局，与福建省厦门市气象台实行局台合一、一个机构两块牌子的运作方式。同年4月1日，以同样方式成立福建省同安县气象局。1990年7月24日，省气象局任命陈如能为厦门市气象局局长，杨维生为厦门市气象局副局长。

1990年10月3日，气象局与厦门市人民政府商议协定，对厦门市气象局实行计划单列，在计划（含财务）工作方面，气象局赋予厦门市气象局相当省级气象局的管理权限，厦门市气象局既是福建省气象局的一个下属单位，又是厦门市人民政府的一个工作部门，干部管理体制不变。1991年1月21日，省气象局报请国家气象局同意，批准厦门市气象局计划单列后机构下设3个职能处室、1个气象台，设置为办公室、人事政工处、计划财务装备处、市气象台（兼业务管理），下辖同安县气象局。1991年3月11日起用厦门市气象局等新印章。1992年4月6日，省气象局任命蔡诗树为厦门市气象局副局长，免去陈如能厦门市气象局局长职务，王世德副局长主持工作。1992年8月3日，经市科委批准，厦门市气象局成立厦门市祥云科技服务公司。1993年3月9日，省气象局任命范新强为厦门市气象局副局长。1993年12月22日，中共厦门市农委直属委员会批准成立中共厦门市气象局

组织管理

年气象台迁到狐尾山上　　　　　　　1981年厦门市气象台生活区和厦门远景

总支部。

　　1994年12月22日，中共厦门市委批准设立中共厦门市气象局党组。1995年2月6日，省气象局党组任命杨维生为厦门市气象局党组书记、王世德为厦门市气象局党组副书记、范新强为厦门市气象局党组成员；同日省气象局任命王世德为厦门市气象局局长，杨维生、蔡诗树、范新强为厦门市气象局副局长。1996年1月16日，厦门市气象局党总支归属中共厦门市直属机关工作委员会领导。1996年2月14日，中国气象局同意厦门市海洋气象台挂牌，在厦门市气象台基础上扩建，与厦门市气象台实行"一个机构、两块牌子"的形式运行。1996年9月4日，厦门市避雷监测技术中心经市编委批准成立，为全民事业单位，所需人员由局内部调剂解决，经费实行自收自支，机构下设办公室、技术质检部、检测所。1996年10月18日，省气象局党组任命杨维生为厦门市气象局党组书记，任命蔡诗树、范新强、魏应植为厦门市气象局党组成员；同日省气象局任命杨维生为厦门市气象局局长，任命蔡诗树、范新强、魏应植为厦门市气象局副局长。1997年7月7日，福建省同安县气象局改名为厦门市同安区气象局。1998年1月5日省气象局批准厦门市气象局机关设置为办公室、人事政工处（与党组纪检组、监察审计处合署办公）、

计划财务处、业务科教处、产业装备处，直属事业单位为厦门市气象台、厦门市海洋气象台、厦门市专业气象台、厦门市避雷监测技术中心，市局管辖同安区气象局。

2000年11月11日起，厦门市气象局局级干部由中国气象局党组管理。11月14日，中国气象局党组任命陈仲为厦门市气象局局长、党组书记，任命蔡诗树、范新强、魏应植为厦门市气象局副局长、党组成员，范新强兼任党组纪检组组长。2004年4月，任命陈荣让为厦门市气象局党组成员、副局长，刘瑞文为厦门市气象局党组成员、纪检组组长。2006年1月，中国气象局党组任命范新强为厦门市气象局局长、党组书记，2006年7月，经过中国气象局批复，成立厦门市翔安区气象局。2008年4月厦门市委机构编制委员会正式批复成立厦门市气候变化监测评估中心，为厦门市地方编制，挂靠厦门市专业气象台。

2008年3月18日，根据中国气象局《印发〈关于副省级市气象局干部管理有关问题的意见〉的通知》精神，厦门市气象局副局级干部的管理，改由福建省气象局党组负

2004年天气会商室

组织管理

1980年厦门市气象台组织学习

学习贯彻《国务院关于加快气象事业发展的若干意见》暨厦门市气象工作会议

责。2009年3月，福建省气象局任命刘瑞文为厦门市气象局党组成员、副局长，林秀斌为厦门市气象局党组成员、纪检组组长。

2. 人才队伍

厦门气象站初创时期，只有20多位具有中学文化程度的部队气象工作人员。经过60年的发展壮大，截至2009年8月，厦门市气象局已有在职人员96人，地方编制人员2人，合计98人。其中具备高级职称24人，中级职称32人，初级职称27人；博士研究生2人，硕士研究生11人，大学本科生38人；中共党员52人。另外，目前市局退休人员共53人。

3. 历任主要领导职务沿革

林永章：1952年8月至1954年1月任站长，1954年1月至1969年任台长，从1956年起兼任党支部书记。

戴子珍：1969—1971年任党支部书记。

赵　朴：1971年9月至1974年11月任书记。

王顺宽：1971年9月至1974年11月任台长。

章省三：1975年6月至1981年5月任书记。

金文其：1975年6月至1981年5月任台长。

林永章：1981年6月至1983年6月复任台长兼支部书记。

李尚志：1983年6月至1985年3月任台长。

郑成均：1985年3月至1989年7月任台长，1989年7月至1990年7月任局长。

陈如能：1989年7月至1990年7月副局长（主持工作），1990年7月至1992年4月任局长。

王世德：1992年4月至1995年2月任副局长（主持工作），1995年2月至1996年10月任局长、党组副书记。

杨维生：1995年2月至1996年10月任副局长、党组书记，1996年10月至2000年11月任局长、党组书记。

陈　仲：2000年11月至2006年1月任局长、党组书记（副厅级）。

范新强：2006年1月至今任局长、党组书记（副厅级）。

4. 气象法规与社会管理

2001年11月12日，根据中国气象局对厦门市气象局机构改革方案的批

组织管理

厦门市气象局规范了施放升空大型氢气球安全管理，对保障厦门空域飞行安全起到积极的作用。

复，增设政策法规处，主要承担气象法制建设、政策调研与软科学管理、行业管理、标准化、科技服务与雷电防护管理、行政执法、安全生产管理、依法行政管理、行政许可审批等工作。

2007年5月9日《厦门市实施〈中华人民共和国气象法〉办法》在市政府常务会议通过，自2007年7月1日起施行。这是厦门市第一部规范气象活动的政府规章。

1995年5月18日，厦门市人民政府办公厅转发市公安局、市气象局关于进一步加强厦门市施放升空大型氢气球安全管理的报告的通知，规范了施放升空大型氢气球安全管理，对保障厦门空域飞行安全起到积极的作用。2004年8月，厦门市行政审批制度改革领导小组办公室发文同意厦门市气象局进驻厦门市建设管理服务中心。2006年3月20日，厦门市建设管理服务中心向各有关单位发出《关于市气象局实施建设项目防雷装置行政审批涉及相关程序调整的通知》。市气象局正式履行防雷装置设计及竣工验收收件许可工作。2006年4月10日，厦门市人民政府印发《厦门市人民政府关于推进气象事业发展的实施意见》。2006年9月，厦门市人民政府发布《厦门市人民政府关于加强施放气球安全管理通告》。由厦门气象局编制的《防雷装置验收及检测规范》、《防雷装置设计、施工及维护管理规程》、《雷电风险评估及灾害鉴定规程》和《厦门市计算机机房安全技术规范》等四部福建省地方防雷标准于2007年1月1日正式实施。2007年7月，厦门市人民政府办公厅印发了《关于进一步做好防雷减灾工作的若干意见》。

5. 厦门市政府颁发的气象方面规范性文件

1995年5月18日，厦门市人民政府办公厅转发市公安局、市气象局《关于进一步加强厦门市施放升空大型氢气球安全管理的报告的通知》（厦府办〔1995〕083号），报告对施放升空大型氢气球安全管理提出三点意见：（1）加大宣传，取缔违法。（2）归口统一经营，严格安全管理。为确保安全，此项工作归口厦门市气象科技咨询服务中心统一经营管理，其他单位和个人不得私自承揽业务。（3）重视升空气球看顾，严防爆炸、燃烧。文件规定的执行，对保障厦门空域飞行安全起到积极的作用。

该规范性文件因与现行国家市场开放政策不符，在2009年清理规范性文件时已列入废止文件。

2004年11月，厦门市人民政府办公厅关于印发《厦门市突发气象灾害预警信号发布试行规定》的通知（厦府办〔2004〕283号）。

2006年4月10日，厦门市人民政府印发《厦门市人民政府关于推进气象事业发展的实施意见》（厦府〔2006〕121号）。

2006年8月，厦门市政府办公厅转发《国务院办公厅关于进一步做好防雷减灾工作的通知》（厦府办〔2006〕205号）。

2006年9月，厦门市人民政府发布《厦门市人民政府关于加强施放气球安全管理通告》（厦府〔2006〕288号）。

2006年9月，市政府授权市法制局审核公布《厦门市气象局行政执法主体和行政执法依据》（厦法制监〔2006〕13号）。

2007年7月20日，厦门市政府办公厅转发《国务院办公厅关于进一步加强气象灾害防御工作的意见的通知》（厦府办〔2007〕169号）。

2007年7月，厦门市人民政府办公厅印发《关于进一步做好防雷减灾工作的若干意见》（厦府办〔2007〕160号）。

组织管理

6. 精神文明创建工作

从厦门气象事业创建之初，队伍的思想作风建设就得到高度重视。逐步形成了一支具有强烈事业心、高度责任感，作风严谨，技术优良，具有艰苦奋斗精神的专业队伍。改革开放以来，厦门市气象部门一直把队伍的思想政治建设作为重点，坚持"两手抓，两手都要硬"的方针，精神文明建设不断加强。1982年厦门市气象局被福建省委政府授予福建省社会主义精神文明单位光荣称号。到2009年6月，市气象局后勤保障中心、厦门市气象台、同安区气象局为市级文明单位，厦门市防雷中心、厦门市专业气象台为市直机关文明单位。在2009年1月20日中央召开的全国文明建设表彰大会上，厦门市气象局荣获"全国文明单位"称号。

2008年3月23日，厦门市气象局举办首届职工文艺会演。

重大事件

1. 重要领导视察

1994年4月4日，中国气象局局长邹竞蒙、副局长温克刚视察厦门市气象局。

1996年6月2日，中国气象局邹竞蒙局长、马鹤年副局长出席厦门市海洋气象台挂牌成立大会。

2002年6月26日，中国气象局秦大河局长、许小峰副局长来厦门参加全国气象科技服务与产业发展工作会议。

2006年1月29日，省委书记卢展工、省长黄小晶和市委书记何立峰等省市领导陪同全国人大王兆国副委员长到我局视察。

2006年8月31日至9月1日，中国气象局局长郑国光一行到厦门市气象局检查指导气象主题公园建设工作。

2007年9月，以秦大河院士（原中国气象局局长）为组长的专家组，对"厦门气象主题公园规划方案"进行咨询论证。有效地推进气象主题公园建设。

2008年3月2日：原中央军委副主席迟浩田参观厦门天文气象馆和"海上明珠"雷达楼。

1994年中国气象局局长邹竞蒙（左一）、副局长温克刚（左三）与厦门市洪永世市长（左二）共商厦门气象工作（右二为市气象台帅方红台长）。

组织管理

2004年10月9日,福建省委书记宋德福视察厦门市气象局。

2006年1月29日,福建省委书记卢展工(左三)、省长黄小晶(右二)陪同全国人大王兆国副委员长(右三)到我局视察(右一为厦门市气象局局长范新强,左一为副局长刘瑞文)。

2006年7月8日,福建省委副书记王三运率领省委"四个专题"调研组到天文气象馆。

2006年8月31日,中国气象局局长郑国光考察厦门市气象局科普基地建设(左一为市政协副秘书长沈松宝,左二为厦门市气象局范新强局长)。

组织管理

2007年9月,秦大河院士(原中国气象局局长)参观"海上明珠"雷达楼。

2008年3月2日,原中央军委副主席迟浩田参观厦门天文气象馆和"海上明珠"雷达楼(中间为迟浩田,左二为迟浩田夫人,左一为范新强局长,右一刘瑞文副局长,右二陈荣让副局长)。

2. 重要会议

1988年10月27—29日，世界气象组织高空工作会议在厦门召开。

1992年11月5—7日，全国气象部门计划单列市气象局长会议在厦召开。

2000年上海区域气象局长联席会议在厦门召开。

2002年6月26日，全国气象科技服务与产业发展工作会议在厦门召开，中国气象局秦大河局长、许小峰副局长参加会议。

2003年3月23日，邀请中国工程院院士李泽椿在市政府会议厅为市政府以及各区、市直各部委办局主要领导作了一场"气候变化与灾害性天气"的专题报告会。

2004年12月，全国气象部门计划财务工作会议在厦门召开，中国气象局许小峰副局长到会参加。

2005年11月10日，全国防台风工作会议在厦召开，来自全国16个省、市、自治区以及黄河、长江等全国7大流域水利部门共100多人聚集厦门，交流探讨我国防台风工作，国家防汛抗旱总指挥部秘书长、水利部副部长鄂竟平在讲话中赞扬了福建省、厦门市防台风的做法。

2008年5月23日晚上，厦门市政府举行"台风及灾害预测预防知识"专题报告会，中国气象局上海台风研究所的博士、研究员余晖主讲报告。厦门市委书记、市人大主任何立峰，市委副书记、市长刘赐贵，市政协主席陈修茂等厦门市四套班子领导以及市直各部委办局、各区四套班子

1988年10月27—29日，中、美、英、法、印等国代表参加在厦门召开的"世界气象组织高空工作会议"，图为会议代表到厦门气台参观。

全国气象科技服务与产业发展工作会议20年6月26日在厦门召开，中国气象局秦河局长（右四）、许小峰副局长（右三）加会议（右一为厦门市气象局陈仲局长）。

主要领导500多人参加了报告会。

3. 外事活动及对台交流

1986年9月24日阿拉伯国家气象考察组一行三人到厦门气象台考察。

1988年10月27—29日，中、美、英、法、苏、印等国代表参加的"世界气象组织高空工作会议"在厦门召开。

1993年1月14—15日台湾气象会理事长陈泰然教授参观访问厦门气象局。

2005年以蒙古气象局局长为团长的蒙古气象考察团来厦门市气象局考察。

2008年4月23—24日，台湾大学副校长陈泰然到厦门市气象局考察；在厦期间，还与厦门大学朱崇实校长等领导座谈，共商校际合作事宜。

获奖与荣誉

1. 集体获得的主要荣誉

1982年12月，中共福建省委、福建人民政府授予厦门市气象台"全省精神文明建设先进单位"称号。

1983年5月，中国气象局表彰厦门市气象台"在1982年重大灾害性、关键性天气预报服务作出显著成绩的单位"。

1984年4月，中共中央、国务院、中央军委贺电市气象台"参与我国试验通信卫星研制、试"单位。

1989年12月，中共福建省委、福建省人民政府授予厦门市气象台"文明单位"称号。

1986年9月20日，科威特国家气象局局长、沙特阿拉伯民航气象局副局长等来厦门市气象台考察（站立报告者为厦门市气象台陈如能台长）。

2005年以蒙古气象局局长为团长的蒙古气象考察团来厦门市气象局考察。

台湾气象学会理事长陈泰然（左二）来厦门交流。

1995年12月，中共福建省委、福建省人民政府授予厦门市气象局"第五届（1994—1995年度）文明单位"。

1996年12月，福建省人民政府授予厦门市气象局"1996年度抗洪救灾先进集体"。

1998年12月中国气象局授予厦门市气象部门为"文明系统"。

1999年12月，中国气象局授予厦门市气象局"1999年重大气象服务先进集体"。

2000年12月，中共福建省委员会、福建省人民政府第二届（1998—1999年度）"创文明行业、建满意窗口"竞赛活动先进单位。

2006年6月，中共厦门市委、厦门市人民政府厦门市"第十届（2004—2005年度）文明单位"。

2006年11月，中共福建省委、福建省人民政府授予厦门市气象台"2003—2005年度创建文明行业工作先进单位"。

2006年12月，中国气象局授予厦门市气象台"2006年重大气象服务先进集体"。

2009年1月20日，中央文明委授予厦门市气象局为"全国文明单位"。

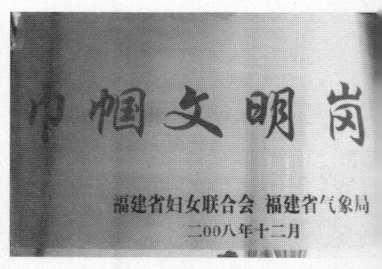

2. 个人荣誉

1964年1月，福建省人民委员会授予李尚志"1963年度农业劳动模范"。

1979年12月5日，连文祥同志在北京召开的全国农业财贸文教卫生科研战线先进单位劳模代表大会，受到"国务院嘉奖令"奖状表彰。

1984年4月，林文旺获厦门市劳动模范，享受省部级劳模待遇。

1986年4月，陈如能获厦门市劳动模范，享受省部级劳模待遇。

林文旺（1984年4月）

组织管理

1989年2月，中国气象局授予魏应植等同志"全国气象部门双文明建设先进个人"称号。

1996年12月，陈荣让被中国气象局、人事部授予"全国气象系统先进工作者"称号。

2002年4月，张天佑获厦门市劳动模范，享受省部级劳模待遇。

2005年，苏卫东获厦门市2002—2004年度劳动模范，享受省部级劳模待遇。

2008年，范新强获厦门市第十一届政协委员会优秀政协委员。

3．科研项目获奖情况

1981年、1983年、1986年厦门气象台与厦门大学协作完成的《多因子综合树枝分类与进步数量化方法预报台风登陆点（纬度）》项目分别获中国气象局、福建省政府、厦门市政府授予科技成果三等、四等、三等奖。

1986年7月，厦门市人民政府授予厦门市气象台"厦门经济特区短时灾害性天气预报情报通讯网络的建设"项目获厦门市1979—1985年度科技进步二等奖。

1989年3月，福建省人民政府授予厦门市气象台"卫星云图实时数字化处理系统"项目福建省1988年科学技术进步二等奖。

1990年12月同安县气象局被全国农业区划委员会、中华人民共和国农业部表彰在农业资源调查和农业区划研究工作中作出显著成绩，"福建丘陵山区农业气候规律的研究及其合理利用"荣获三等奖。

1994年12月福建省人民政府授予厦门市气象台"闽南三角地区强对流、天气短时预报研究"项目福建省1994年科学技术进步三等奖。

1998年11月厦门市人民政府授予厦门市气象局"厦门市暴雨成因研究及预报方法"项目1997年度厦门市科技进步三等奖。

1999年厦门市人民政府授予厦门市气象局"厦门市中尺度灾害性天气预警系统"项目1998年度厦门市科技进步三等奖。

2003年厦门市人民政府授予厦门市气象局"厦门市防台风信息系统研究"项目2002年度厦门市科技进步三等奖。

2007年厦门市人民政府授予厦门市气象局"AMSU资料用于台风暴雨的分析与预报"项目2006年度厦门市科技进步二等奖。

万千气象撷英

《飓风歌》和《厦门大风望海即事》

飓风歌

（清）赵翼

昔闻海风飓最大，我今遇之鹭门廨。
谁将噫气闭土蘘，一喷咽喉不可扼。
隆隆万鼓排阵来，群木尽作低头拜。
郁怒似有块磊填，愤盈直觉虚空隘。
鬼魔掀动天摆摩，虎豹吼裂山破坏。
立脚虽稳尚愁倒，对面相呼只如聩。
可怜鹳鹊亦不飞，恐被飞出青天外。
是时习流千战棹，眼望赤坎不得到。
涌浪上薄浮空云，溅沫横轰发机炮。
尽排鹢首杙栈牢，犹自终宵惊簸掉。
风名飓母应雌风，胡为更比雄风雄。

万千气象撷英

想从小女封姨后，老作阴怪多神通。
多神通，何不吹转帆向东。
不然竟刮海水竭，平步可达扶桑红。
吾当缘章上笺奏，俾尔配食天妃宫。

厦门大风望海即事

（清）赵翼

海声连日吼，飓风发狂飙。
信有水皆立，兼疑山亦摇。
楼船依古屿，峰火隔秋潮。
安得鞭驱石，排成万里桥。

　　赵翼（1727—1814），字云崧，号瓯北。清乾隆二十六年（1761）进士，授翰林院编修。曾任广西镇安知府，官至贵西兵备道。乾隆五十二年（1787），台湾发生林爽文事件，攻城略地，闽浙总督李侍尧邀请赵翼入闽。当时从大陆到台湾只有一个通道，那就是从厦门港口到鹿耳门港口。赵翼赴台期间曾被台风困住，滞留在厦门。在厦门期间，写下了气势磅礴的长诗《飓风歌》，写过《厦门大风望海即事》等关于天气方面的诗篇。

（吕文惠　摘编）

厦门降雪的历史记载

　　顺治十三年正月十六日（1656年）　同安，大雪深尺许。
（嘉庆《同安县志》，卷十三　灾祥页5下）
　　光绪十八年十一月（1892年1月14日）　厦门雨雪。
（民国《厦门志抄本》）
　　光绪十九年十一月二十八日（1893年1月15日）　同安山区大雪，至二十九日早仍雨雪霏霏如棉絮，地上如铺白毡，坑涧皆平。厦门岛亦有雨雪。
　　同治10年（1871年11月）　雨雪三日。冰坚二寸许。
（《金门县志》）
　　禾山昨日下雪　昨天气阴霾，冷气骤增，下午四时半，禾山细雪霏霏，有如棉屑，落地成水。日拿盛之，冻甚。但为仅两分钟即已，随下雨十几分钟。据气象台报告，近日可晴，有飓风自北南下。

(1937年3月12日《江声报》)

前晚降细雪 本市自旧腊以来，天气严寒，特于旧历新正，寒气凛烈，如旧正四日（一月卅日）下午九时顷，竟降细雪，天气更加寒冷，虽降雪时间仅数十分钟，唯此为厦门数十年来所罕见云。

(1941年1月31日《金闽新日报》)

(帅红　编写)

旧报章的厦门台风报道

历来气象与媒体的关系都是密切的，媒体记录着大千气象，风云万千，报端上的气象记载了千百年来天气变化的各种事件，从一个侧面反映了气象与民众生活的密切关系，这里摘录了部分厦门旧报上记载的厦门气象。

台飓为灾 厦门访事人云：二月三十日午后四点二刻，西北方黑云如墨，大雨随之，迅雷怒鸣，山摇海震，有同安渡船及内各小划驶避猴屿，顷刻激沉渡船，中满载男女二百数十人，溺　大半。某姓于是日昇柩至隔水殿前暂厝，午后事毕而回，执事、人夫以及执绋相送者，约共七八十人，均入波心，只二十人得庆更生，余皆被波臣摄去。此外小划中死者更不计其数。本月初一、初二等日，雨过风止，尸身飘流海面累累如贯珠。虎头山、猪屎窟浮起女尸一具，某处海沿浮孩尸一具，均无亲属认领。

(1894年4月18日《申报》)

江边浴鹭 厦门访事人云：七月二十一日，飓风大作，急雨狂飞，港中各轮船均预避鼓浪山后岸上，房屋多有被风吹坍者，惟幸二伤人闻之天文家，谓此风来自小吕宋，理或然。

(1902年9月6日《申报》)

厦门飓风 初二日香港电云：中国海岸之飓风在厦门大肆蹂躏。二十九日，鼓浪屿之租界为所水淹，货物漂浮于街，华人受难甚重。太古行之云南轮船在厦门南通圣湾机器受损，不能前驶。

(1905年7月5日《申报》)

飓风为灾 鼓浪屿升旗山近日连天升悬轱辘，以志南北飓风之险。故有自闽来厦者，云及福州城内外，风雨为灾，忽有涨水满及城厢之患。

万千气象撷英

而厦岛自本月十五日起,约一星期之久,每日有飓风狂吹,海浪掀涌。惟十七日夜雨湿路滑,余则或阴或晴,云雾蔽天。廿一二日计三天均阴雨。据农家者云:五谷遭此风云,恐有岁歉之占矣。

(1907年7月12日《江声报》)

风水炎厦 厦地自阴历九月二十起,狂风暴雨,历三昼夜,至二十三日,始见开霁,市上积水。一片汪洋,不啻泽国。民家涨水,高逾床沿。而屋坍塌,不计其数。伤毙命者有五,小孩波浪飘去者有二。提署照墙及中府署花厅均被风力扫到。最惨者莫如厦港演武亭迎舰会场,历数十日之工程,一旦均被破坏。

(1908年10月24日《台湾日日新报》)

飓风大作 厦地突于初一夕一点半钟,飓风大作,港中大小各船,霎时间走避不及,被风打破沉没者不少。最可惜者,正兴隆号适有转口货,系绸缎布匹,业已下驳,因为时太晚,未经海关过验,不敢开行。次早该驳船几乎被北港小火轮撞沉,后请多工将货起岸,均已湿水大半,闻小火轮亦有损伤云。

(1909年8月3日《厦门日报》)

飓风志异 昨日飓风肆虐,撼山翻海,势极猛烈,成为迩来所罕见者。入夜尤甚,各处民居屋瓦以及街上遮阳被风卷而飞者不计其数。闻南普陀接待场所盖洋楼一座全被吹倒,尚有厦港澳仔地方数百年老树两株只因根枯无力,一时亦被飓风拔起,压倒大屋两间幸不伤人云。

(1910年八月初二《厦门日报》)

满城风雨是厦门　前宵昨日　如晦如冥　海上掀天澎湃　街头冷落如冰

前(六)晚本市骤热,忽大风暴雨,至昨(七)澈日未已,午后雨尤甚,大街小巷,凡地点稍低者,均水深没胫,断绝行人,兼之朔风怒号,气候亦骤寒。前数日热可挥汗,昨则非棉不暖,天冥如晦,画需电灯,海面轮船大艘者多驶出港外避风,其往来内地之各小火轮,亦因风雨猛烈故,多停止行驶,漳嵩汽车公司亦停止售票,厦鼓小舟每客收至二角,往来甚少,在海后滩远望隔江,烟雨迷蒙,波涛澎湃,小舟三五,载沉载浮,他无所有,亦奇观也。又厦港渔船每遇风雨,多驶向厦港避风,昨风雨之巨,为向所仅见,而渔船之返港者,竟无一艘,一般渔民之居陆者,莫不忧容满面,谓因渔逼人,渔民蹈生死莫测之机而不自惜,可慨也。昨市上人力车,公共汽车,则疏星如点,市绝行人已。据航海家言,昨日暴雨系由台湾方面来,今日恐仍未能已云。

(1931年5月8日《江声报》)

海上有飓风　昨升旗山报警　昨晨本市忽起暴风，兼降疏雨，抵幕风尤甚，海岸巡防处无线电台接东河岛电台报告，海上有飓风。升旗山亦升旗报告风警，故停泊内港之火轮，多驶出避风。厦鼓小艇往来亦少，且涨价至四角、六角。傍晚益稀，水仙宫、岛美各路头，仅有一数艘，余多拖登岸上避风云。

(1931年10月20日《江声报》)

本市昨忽雨雹　摄氏表低至四十五度　石码亦雨雹为向所仅见　昨晨天气阴霾，北风凛冽，寒暑表已降冷度至四十五度，至九时三十二分，天忽雨雹，滚地如珠，悉瑟有声，约半分钟即止，至下午二时五分，又下一次，惟不如早晨之多，天气亦骤寒冷。据闻厦地雨雹，为十余年所未见。又据石码来客称：石码今（二十六）晨天气骤冷，上午八时许，天降雨雹，约历半刻始止，为码地二十年来所仅见云。

(1932年2月27日《江声报》)

台湾厦门飓风暴雨成灾　风雨三日损失甚巨，漳州城乡被水数尺　厦门通信：此次南海飓风袭台湾及福建沿海一带，继以大雨。厦门自二十日上午起即雨，至二十一日风雨益盛，镇日晦冥，气温自二十日之八十八度，至二十一日骤降至七十八度，凉爽如入初秋，人皆衣袷。二十二日风息，仍阴雨，至二十三日晨始止，乃有晴意，气温升至八十度。此次灾情以台湾最重，据此闻得台湾电：自十九日下午起台湾全岛即包围于飓风暴雨中，尤以南部为最猛烈，各地为暴雨所袭，人心惶惶，全岛各地损失甚大，历三日二夜至二十一日下午始渐息。其重要损失，截至二十二日上午十时，经查明者，台南州之被灾中以北门郡、新营郡、曾文郡最甚，死男二名，行踪不明者三名，家畜死一百二十一头，流失九十九头，住屋全坏一百零一所，半坏七十一所，全破一百六十一，小破二百六十四，浸水家屋达床上者一千八百二十三户，床下一万一千八百五十九户，非住宅之家屋全坏一百三十九户，半坏六十八户，又北港郡方面火车因水不通，住屋浸水达五百六十户。……厦门方面，二十一日因飓风过漳，泉属小轮均经折回，二十一二两日停驶，至二十三日始恢复，外海商轮仅二十一日福州轮入口一艘，上海轮阻于飓风，原定二十日入口者衍期三日，至二十二日晚尚未到，二十二日香港轮入口一艘，内地车路被雨冲坏，二十二日漳厦泉各车均停驶。至漳州地处九曲溪之下游，与南靖同为洼地，自二十午后迄二十二日晨大雨不息，二十二日晨漳城洋老洲与醒民东西两马路，溪水

万千气象撷英

已高涨冲入，深没人身，至午后四时，溪水又涨，汹涌而至，定威南路民有银行，永靖中路至太清泉旅馆附近、太古桥等均被水浸数尺，霞仔芎江女子师范与诗浦等社均被水，居民多迁居楼上，平屋及商店多于门前范土阻水，但多不能遏止。漳属各车路自二十一至二十二日因水涨继续停驶，米柴因此涨价，米每斗八角半涨至九角，柴每元四十七八把涨至四十把。惟截至二十三晨尚无塌屋事故发生，损失不大，四乡交通受阻情况多未明悉。

(1934年7月26日《申报》)

昨风警　飓风起台南，推进西北　昨（五）日正午，鼓浪屿升旗山升旗报告风警，着各轮船注意防备。据查系于昨上午十一时先后接上海、香港气象台电报，谓有飓风起于台湾南部，出发点在东经二十一度，北纬一百二十一度，现风势正继续向西北推进，其风力升高速率，每秒钟为六十度云云。

(1934年9月6日《江声报》)

飓风再袭厦门　漳泉厦交通昨又告断绝　厦鼓间生死不明者四人　南京三十日电：中央气象台息飓风二十九日进抵台湾后，三十日晨在厦北登陆，下午过厦西，仍向西进行，风力降为六级。三十一日转向赣湘桂一带推进，现东南沿海风力变弱小，长江下游影响亦不少，本京三十日最高气温仍九十六度。本市于二十九日傍晚起，西北风骤至，大雨滂沱，终宵未已。越（卅）晨，风雨连绵不绝。……本市海军气象台消息：此次飓风系由太平洋经台湾侵袭温州，向西进行，于十二时半经过厦门，离东向约五十里左右。现飓风中心在福州，……厦鼓间小舟，昨晨完全停驶，风雨略定，仅有数艘冒险出发……

(1935年7月31日《江声报》)

飓风在厦登陆　飓风挟雨三十日晨二时到厦登陆，向西北进，漳泉厦一带三十日镇口风雨晦暗，入夜不止。海上因海关事先有警告，船舶无损失，内港轮均停驶无往来，漳泉厦车路因雨路坏均停，交通阻绝，福厦、泉厦电报电话，因风线阻而不通，前次飓雨车路电线被阻，修复仅三日，现又阻，三十夜九、十时，风雨益甚。

(1935年7月3日《申报》)

飓风又袭厦门　第三次飓风六日晨二十到厦门登陆，向西北进，无雨风，力甚劲。内港轮均停驶，中航机未南下。午三时后微雨，入夜雨止，风力渐微。

(1935年8月7日《申报》)

昨飓风过厦，内地交通断绝　1936年8月3日，厦鼓停止往来，小舟损失数十艘，倒屋一座压死一人，午后风已离厦赴福州。

(1935年8月7日《江声报》)

飓风昨袭厦市　海上交通入晚断绝　港外商轮纷纷折返　日来气候酷热逾常，识者早料为暴雨前夕之象征，迨昨晨风信果至，细雨霏霏，午间风力渐强，入晚益烈，夹带暴雨，陆上房屋多为撼动，玻璃窗损失不少，海上浪涛汹涌，小舟均见机逃避，轮渡迄晚亦停航，厦鼓交通遂告断绝，而港外商轮如玛丹号等相继折返，英舰白沙号亦移泊鼓浪屿后。据海关昨午五时布告：据香港天文气象台报告，本（二十五日）晨九时，急烈飓风在北纬二十一度东经一百二十二度，切近台湾东南，以每小时十五海哩之速度，向西或西北西推进。南京二十五日电，中央气象台顷发告飓风警报称，此次飓风于加罗□群岛（关岛东南）形成，初时中心风速十级，每秒二十五公尺，直径一百六十千米至外围，风力七级，向西北行进甚速，（时速五十千米以上，二十一日行进关岛，风势最强，中心风速达每秒六十一公尺，直径三十七千米之外围，风力达十级，风力足以拔树毁屋），此后势稍杀，行速减缓，于二十五日下午一时抵台湾南端，北纬二十一度东经一二二度）转回西进，时速二十七千米，二十六日转进闽粤沿海，势虽减而中心风速仍尚达十二级，直径百五十千米范围之内当遭受拔树毁屋之损害。

(1946年9月26日《江声报》)

港汕厦大风雨前夕　海关昨午一时廿二分，接香港电称：台风集中于北纬十八点六度，及东经一百十八点五度之六十哩内，以每小时十海哩之速率，向西北之西或北推进。

按上述报道，台风已进至菲律宾群岛北部，尚继续向西北之西推进，将进到香港、汕头等地，若向西北推进则厦门有被袭之可能。

(1948年9月3日《江声报》)

（帅红　编写）

鼓浪屿建筑的气象特点

厦门是我国东南沿海的一个海港风景城市，其西南一水之隔的鼓浪屿，更是赢得"海上花园"的美称。鼓浪屿的风光绮丽、明媚，雨水充足、气候温和、林木葱茏，好似被浓郁的绿融化了。1.78平方千米的岛上

万千气象撷英

山岳高低起伏，与奇峰突兀的日光岩顾盼成趣。特别是在花树掩映之中，各式各样的建筑物错落有致，百态千姿。典型欧美风格的楼房堂馆、折中中西式样又带有东南亚情调的别墅第宅、闽南传统格调的大厝群落；即使寻常的民居楼屋，也多少显现出欧美和东南亚建筑艺术精华。自然景观与人文景观在这里交相辉映，引人入胜。因而，鼓浪屿历来有"万国建筑博览会"之美誉。

鼓浪屿上绝大多数的建筑是别墅、公馆、民居。沿海地区雨量丰沛，台风较多，因此防风避雨，是海滨民宅建筑首要考虑的问题。海滨城市街道的走向一般应设法避开当地风速的主风向；房屋坐向除考虑坐北朝南外，前后排房屋的布局多错落交叉，使风速在迂回曲折中减弱，也使视角开阔，大多数民宅能"推窗见海"，令人心情豁朗；沿海房屋的规模与内地相比，较为低矮、小巧、坚固，也是其特点。鼓浪屿上大部分建筑层数不高，多为二三层，也有一层带半地下室，少量建筑为四层。岛上缺乏淡水。故一些天台四周埋设水管，引至地下室蓄水池，承接的雨水经过过滤，也可作为日常生活用水。可见，天台不仅用来纳凉、观光，还兼有生活用途。因为海岛气候的缘故，岛上比较潮湿，几乎每幢建筑下面都设计有地下室。地下室有的是一层楼高，有的是半层楼高。它不但相当于隔潮层，同时也是为找平地基。同时，建筑的窗式也在鼓浪屿特色建筑中占有很大的地位。窗户主要作用是采光，建筑通过这些精雕细琢或刻意讲究的窗户散发出西式建筑的灵气和魅力。

（苏鸿明　编写）

观"三象"　识天气

老农说："初四至初六晴，初七至初十淹。"这是指农历每月的初四至初六晴天，一般到了初七至初十就会下雨，故叫着"初四至初六晴，初七至初十日淹"或叫着"小潮头晴得透，小潮尾雨来到"。

统计历年农历一至十二月的初四至初六日与初七至初十日的降水关系，总共为210次，在小潮头（初四至初六）无雨，而小潮尾（初七至初十日）占156次，而初四至初十日无雨占54次，其中九至十二月占39次。由此看出，小潮尾下雨，准确率占74%。

"初十一日晴，十二雨来临"

渔民说："初十一日晴，十二雨来临。"这是指农历每月的初七至十一日晴天，到了十二至十三日就会下雨，故称为"初十一日晴，十二雨来临"，或叫着"起潮头，雨浇人"。

统计农历一至十二月的初七至初十日与十二至十三日的晴雨，初七至初十日无雨，到了十二日至十三日才下雨，占164次，而初七至十三日无雨占96次。下雨的准确率为68%。其中一至四月，下雨准确率为83%。

"月亮最光，雨浇屁股"

老农说："月亮最光，雨浇屁股。"这是指农历每月十四至十六日是（大潮期）月亮最圆和最亮的时期，一般较易下雨，故称为"月亮最亮，雨浇屁股"，或叫"月半流，雨浇头"。

查历年农历一至十二月的十四至十六日降水时段，有降水时段为350次，没有降水时段为118次。结果，降水准确率为75%。

"顶看初三，下看十八"

老农说："顶看初三，下看十八。"这是指农历各月的初三日和十八日，这一天的晴或雨，预报未来十五天的天气，十八日雨，即下半个月雨日较多，相反，即少，故称为"下看十八日"。

查农历一至十二月，在十四至十六日无雨，而十七至十八日下雨，共为153次，下雨机率为40%。但其中一至七月，十七至十八日下雨，占98次，下雨机率就提高了。为此，可作为一至七月的天气预报用。

"二至二十二，不晴则雨"

这是指农历每月十八日，一般为潮水位最高，到十九日平潮，二十日开始落潮，由大潮到落潮是一个转折点，在转折点的时间里，一般天气易产生变化，即晴天则雨，雨天则晴。故称为"二至二十二，不晴则雨"。

统计农历一至十二月的降水资料，各月在十九日前为晴好天气，则二至二十二日就会下雨，共为176次，而十九日前至二十二日无雨为107次。由此看出，下雨的准确率为62%，但一至八月下雨准确率为72%。

"二十七九，风雨到"

老渔民说："二十七九，风雨到。"这是指农历每月二十七至二十九日，一般都会下雨，故称为"二十七九，风雨到"。

统计历年农历一至十二月的二十七日至二十九日的降水资料，初步看出，在十二月的二十七至二十九日，有降水的时段为352次，没有降水时段为116次，降水的准确率为75%，而一至七月为86%。

万千气象撷英

1. 潮水位象

这是指农历一至十二月,每月每天的海水涨潮水位高度是否按潮水期象规律,来预报未来的天气,故称为潮水位象。

"大潮变小潮主雨"

这指农历每月有两次大潮期(前月二十七至下月初三日和十二日至十八日)。在这大潮期内,海水涨潮水位高度一天比一天高,一般在初三日和十八日为潮水位最高,若在大潮期里某一天海水涨潮水位高度突然下降,出现反常现象,称为"大潮变小潮"。

小潮变大潮起风

沿海渔民说:"小潮变大潮起风。"这是指农历每月初五日至初十日和二十至二十六日为小潮期,在小潮期里,海水涨潮的水位高度一天比一天下降,若在某一天的潮水位高度突然上升出现反常现象,称为"小潮变大潮"。

查潮水资料,当出现小潮变大潮或是小潮期水位出现平潮时,经一至二天内就会有起风或下雨过程,准确率为91%。

2. 海上物象

这是指通过海洋内的动植物和水色及水位的变化来预测未来的天气,故称为海上物象。

海水泡发黑色或是海水发腥味

渔民说:"海水泡发黑色或是海水发腥味"时,一般在一天至二天内就会有大风雨过程,这方面记载不多,仅有几次材料,但确实是有大风雨出现。

花跳鱼

老渔民说:"花跳鱼封洞口,未来大风到。"这是指冬季节里,在北方有较强冷空气要南下影响本区时,时常见到花跳雨用泥土把洞口封住。叫做"花跳鱼封洞口,未来大风到"。根据渔民柯水娥同志记载,准确率为95%。

(苏鸿明 摘抄)

民国时期的厦门气象月刊

民国25年1月厦门气象月刊出版记

本台筹备于民国14年冬，15年1月1日开始观测迄今已是第十一周年矣。关于过去十年观测成绩，各界来函索阅者颇多，已先后编印十年来厦门之气象一月号、二月号等等出版，以供留意厦地气象者参考。按该书全部计十二卷，采用按月分析编制，自三月号起，均在编印中，不久即可完全出版，寄奉各界。

自本年度起，材料增加颇多，例如观测种类之增益者，有能见度，有蒸发量，有地温，有云向云速，有三小时内气压倾向，有二十四小时最高最低气压等，又十年来厦门之气象中，仅载各项气象要素之每日平均数，自本年度起则将每日6时，14时、21时之各项记录分别载出，篇幅既增益颇多，所以自25年1月份起，改为气象月刊，按月出版。

本台之有月刊，自本期起，本期应为创刊号，但为欲与已出版之十年来厦门之气象继续起见，仿照中国气象学会出版之气象杂志办法，决称为第十一卷第一期，俾与过去十年成绩，有一贯之系统，如是则该月刊之卷数期数，亦即本台成立了以来之年月数也。

草创之始，疏漏极多，尚希宏达，随实政为幸！

杨昌业敬于厦门大学气象台
25年1月31日

天气占验

1. 占天

朝看东南黑，势急午前雨；暮看西北黑，半夜看（《漳州志》作"有"字）风雨。

2. 占云

天外风游丝，久晴起海云，风雨霎（《漳州志》作"接"字）时辰。
风静郁蒸热，雷云（作"霆"字）必振烈；东风云过西，雨下不移时。
东南卯没云，雨下巳时辰；云起南山遍，风雨辰时见。
日出卯遇云，无雨必天阴；云随风雨疾，风雨片时息。

万千气象撷英

　　迎云对风行，风雨转时辰；日没黑云接，风雨不可说。
　　云不满山低，连宵雨乱非；云从龙门起，飓风连急雨。
　　西北黑云生，雷雨必声訇；云势若鱼鳞，来朝风不轻。
　　云钩午后排，风色属人猜；夏云钩内出，秋风钩背来。
　　乱云天半绕，风雨来多少；风送雨倾盆，云过都暗了。
　　红云日出生，劝君莫出行；红云日没起，晴明未堪许。

3．占风

　　风雨潮相攻，飓风难将避；初三须有飓，初四还可惧。
　　望日二十三，飓风君可畏。七八必有风，信头有风至。
　　春雪百二旬，有风君须记。

4．占风雨

　　二月风雨多，出门还可记；初八及十三，十九二十四。
　　三月十八雨，四月十八至；风雨带来潮，傍船入难避。
　　端午信头风，二九君还记；西北风大狂，回南必乱也。
　　六月十二三，彭祖连天忌；七月上旬来，争秋莫船开。
　　八月半旬时，随潮不可移。

5．占日

　　乌云接日，雨即倾滴；云下日光，晴朗无妨。
　　早间日珥，狂风即起；申后日珥，明日有雨。
　　一珥单日，两珥双起；午前日晕，风起北方。
　　午后日晕，风势须防；晕开门处，风色不狂。
　　早白暮赤，飞沙走石；日没暗红，无雨必风。
　　朝日烘天，晴风必扬；朝日烛地，细雨必至。
　　返照黄光，明日风狂；午后云过，夜雨滂沱。

6．占虹

　　虹下雨雷，晴明可期；断虹晚见，不明天变。

7．占雾

　　断虹早挂，有风不怕；晓雾即收晴天可求。

雾收不起，细雨不止；三日雾蒙，必有狂风。

8．占电

电光西南，明日炎炎；电光西北，雨下连宿。
辰阙电飞，大飓可期；远来无虑，迟则有危。
电光乱萌，无风雨晴；闪烁星光，星下风狂。

9．占晦

蝼蛄放洋，大飓难当；两日不至，三日无妨。
海泛沙尘，大飓难禁；若近沙岸，仔细思寻。
乌鳓弄波，风雨必起；二日不来，三日难抵。
东风可守，回来暂遨；白虾弄波，风起便和。

10．占潮

月上潮长，月没潮涨；大信潮光，小信月上。
水涨东北，南东渐复；西南水回，便是水落。
击定且手，船走难缆；纽定必凶，直至沙案。
走花落绽，神鬼惊散；要知碇地，大洪泥硬。

（吕文惠 摘录）

战台风回忆录

　　台风是地球十大自然灾害之首。福建地处东南沿海，濒临西南太平洋，台风活动十分频繁。据统计，从1961年至2005年45年间，共有340个热带气旋登陆和影响福建，平均每年7.56个。其中有68.8%强度在台风级别以上。面对每年都会给福建省国民经济建设和人民生命财产安全造成严重损失的"心腹大患"，肩负对台风监测预报和决策服务的气象部门责任重大。然而，战台风要稳操胜券，预测精准，还是待到我们拥有卫星云图和测台雷达的20世纪80年代之后。我亲历了两次正面袭击厦门的超强台风，相隔四十年，对照如此鲜明，使我终生难忘！第一次是我刚小学毕业时的1959年8月，3号台风偷袭厦门。它属于那种个头虽小但结构特别密实的"逗点台风"，非到临近，气象要素并无明显变化。省市气象台均因缺乏海上探测手段而在台风趁夜加快逼近沿海时竟毫不知情，未能准确及时

万千气象撷英

发布预警。惨剧终于发生,凌晨3时最大风速大于60米/秒,狂风暴雨肆虐,房顶、大树掀翻,又逢天文大潮,海面巨浪滔天。我和家人困于屋顶全坍、风雨飘摇的家中,蜷缩于较牢固的一张铁架床底的情景历历在目。天亮后我到海边,只见一片狼藉,船毁屋坍、尸体漂浮,不忍卒睹。事隔多年后我还听说,台风临前一天部队观测到金门的蒋军正大规模调动,判断为时届"8·23"炮击金门一周年对方准备报复而我方也迅速加强战备。其实对方是得到关岛美军发布的台风警报而在采取防台风措施。第二次是整整四十年后的1999年,我当时任厦门市气象局长。9914号台风于10月9日上午在龙海市港尾登陆,旋即向厦门直扑而来。这是继5903台风之后四十年对厦门乃至全省造成风雨影响最大的台风。厦门、东山、同安等地阵风起过40m/s,其中厦门实测最大风速47米/秒(15级),且12级以上大风持续近6小时,为历史鲜见。沿海各地市普降暴雨到大暴雨,局部特大暴雨。但今非昔比,我国的地球同步气象卫星早已遨游太空,我国自行研制的首部十厘米多普勒天气雷达落户厦门已运行了五年。当台风在南海海面转向杀奔漳厦而来时,卫星监测使之难遁其踪。结合天气形势分析,厦门气象台提前28小时作出强台风正面袭击厦门的预报。当台风进入雷达探测范围后,天气雷达每小时都精确地锁定其位置与动向。利器在手,我们自8日夜每小时向市领导汇报台风最新情况,并首创每小时通过电台、电视台对外发布滚动预报以及通过互联网和电话不间断地发布警报并接受咨询。由于预报做得早而准,决策服务和公益服务主动及时,尽管风到之处基础设施遭受严重破坏,造成机场关闭,全市停电,水、气市内交通中断,企业大部分停产,人员死亡十余人(主要是渔排上不肯撤退的水产养殖户),但城市正常生活秩序灾后三天就基本恢复。与1959年形成了天壤之别!值得一提的还有,在全市大面积停电后,市气象台业务电话和语音信箱成了广大市民和各部门了解台风动态的唯一通道而被打爆了。进入新世纪后,福建省气象部门结合中尺度灾害天气预警系统第三期工程建设,更装备了多部世界先进水平的新一代多普勒天气雷达,防台风监测中心如虎添翼,大显身手。拿迄今为止正面袭击福建省的最凶猛超强台风桑美(0608号)为例,福建省气象台和宁德市各级台站充分发挥现代化装备作用,充分应用数位预报产品和多年积累的预报经验,充分展现气象工作者忠于职守,勇于奉献的拼搏精神,不仅提前作出路径和登陆地段预报,而且根据桑美在移近台湾东北面海域迅速发展为超强台风的特点,提出重点地段宁德和福州重点要防强风暴,引起福建省委省政府高度重视,多次召开全省以及宁德福州两市视频会议作重点部署，台风进袭福鼎时，测到瞬间最大风速高达76.8米/秒，不仅城市、渔港遭受严重破坏，气象站也难逃劫难，值班室门窗尽毁，设备受损，观测场飞沙走石，难以立足，但为了按时获取宝贵的观测资料，观测员硬是两人用绳捆绑在一起，顶风挪步进入观测场应急观测，福建省气象台根据每半小时一组卫星云图，长乐及其他雷达每六分钟一次监测资料，沿海及外岛布设的自动气象站网每十分钟上传的风雨信息，对"桑美"进行立体监测，开展每两小时一次短时预报，并用手机短信群发及多种传媒连续发布台风预警信息。福建省领导还根据台风登陆后窜往南平，气象部门作出南平将有强降水及可能发生严重地质灾害的报告，当应派抢险队伍并紧急转移2000多人，有效避免因塌方造成新的伤亡。福建省委卢展工书记在总结中赞扬道：气象预报服务准确及时是我们取得防灾减灾的关键。在当年底召开的全省防台风抗洪抢险表彰大会上，福建省气象局成为受表彰的厅局，全省气象系统共有三个先进集体和七个先进个人受到嘉奖。这是多年抗台史上最辉煌的殊荣。

（作者：杨维生，福建省气象局、厦门市气象局原局长，现任福建省政协常委、省政协人口资源环境委员会副主任）

厦门景点与气象——鸿山织雨

在鸿山公园，鸿山寺前一巨石，镌刻着"鸿山织雨"四个大字，原

鸿山公园入口

厦门气候

来，旧时每逢风雨交加之日，由于处在特殊的地势，在两山（虎头山，鸿山两座山）的夹恃下，风势回旋不定，雨随风转，乍风乍雨，相互交错，盘旋于绿树悬崖之间，如织布状，给寺宇罩上一层荆沙薄幕，故称"鸿山织雨"。清乾隆《鹭江志》已将"鸿山织雨"列为厦门"八大景"之一。

以上摘自：叶青、吴国伟著《厦门绮丽山水》

厦门景点与气象——五老凌霄

五老峰，又称五老山，崛起于厦门岛南部海滨，乃南普陀寺后面的五座山峰，一次为钟峰（一峰）、二峰、中峰（三峰）、四峰、鼓峰（五峰）。五个山头，横插天际，峥嵘凌空，气派非凡，时有白云缭绕，缥缈，云下丛林葱郁，隐约如垂长须，云雾似袖，远远望去，好像五位须发皆白、历尽人间沧桑的老人，翘首遥望茫茫人海，故名"五老凌霄"。

以上摘自：叶青、吴国伟著《厦门绮丽山水》

厦门景点与气象渊源之三——龙潭祈雨与观云测雨

同安的北山十二龙潭和豪山龙潭，曾经是古代一些官员"祈雨"活动和观云测雨的场所。

北山十二龙潭在距离同安县城二十五里的北山腰，这里由长峡谷谢落注成十二个小潭，其中有一个潭比较大。明朝嘉靖辛酉年（1561），春夏大旱，知县谭维鼎（号瓶台）率领一些官员，到北山龙潭祈雨，据说果真下起雨来。为了颂扬谭知县这个功德，当地人李春芳、刘存业便在龙潭石上刻下"瓶台霖雨"四个字。

十二龙潭石刻

位于同安区五显镇北辰山十二龙潭仙宫前20米处。

北辰山俗称北山，离同安县城11千米，谓"山高拱北极"而名，面积约15平方千米，海拔255.7米，与南安黄巢接壤。山中奇石异洞，一条长800多米白峡谷由于山泉长期冲击形成十二个梯级大小水潭，故名十二龙潭，也是同安古代地方官员祈雨之处。十二龙潭有宋、明、清摩崖石刻两处，一处为宋代朱熹"仙苑"楷书石刻；一处同在潭边石矶平面上的祈雨石刻。上面横镌"瓶台霖雨"四字楷书，中间是明代邑人潮州太守李春芳

和应天府经历刘存业颂扬嘉靖四十年（1561年）春旱同安县令谭维鼎（字朝铉，号瓶台，广东新会举人）率员到此祈雨立应的行草七律和绝句各一首；下端则是清乾隆十年（1745年）同安知县张荃到此祈雨留题的"膏泽下民"楷书石刻。这些成为今人研究同安古代地方气象的实物资料。

豪山龙潭在同安县城西南10多千米的豪岭山。根据《同安县志》记载，宋朝淳熙十一年（1184年），这年也是春夏大旱，县令郑公显到豪山龙潭祈雨，不久果真"雷雨交作"。为此，一个叫做明慧的和尚还特地在山腰一块大石上镌刻"祈雨道场"四个字。

祈雨，这是历代统治者用来欺骗群众宣扬"天人合一"统治思想的一种行为。它实际上是观云测雨，只不过是统治者故弄玄虚，把它披上一件迷信的轻纱罢了。

在我国古代，没有先进的气象仪器，劳动人民通过了长期实践，学会了看云测天的本领。例如，天空中出现高云，这常常是下雨天气的前锋，如果空中同时有深厚的几层云反复交错，也是降雨的征兆。"天上扫帚云，三五日内雨淋淋"，"天上起了炮台云，不过三日雨淋淋"，"二更上云三更开，三更上云雨就来"等

气象谚语,都是千百年来劳动人民观云测雨的经验总结。在《三国演义》中,诸葛亮不但能借到东风,还能在三天前就算定长江上有大雾,因而能用草船借箭十万支,这并不是诸葛亮是神人,而是由于诸葛亮通天文、晓地理,懂得看云测天的结果。而历代的地方官员,都是一些科举出身的读书人,有的还懂一些天文知识。据记载,郑公显是学问渊深的进士,谭维鼎是熟悉地方的举人;他们在地方上做官,也有一些通晓天文知识的地理先生们为他们服务,而那些龙潭,又都在高山之上,气候容易变化。因此,谭维鼎、郑公显敢于到龙潭祈雨,这是由于他们懂得观云测雨的结果,当然会有一些效果,只是他们不肯公开说出来就是了。

祈雨道场

位于同安区新民镇豪山咸元洞北侧的岩壁上,有楷书直题"祈雨道场"四个字,每字高0.23米,宽0.19米。右侧题"康介福等为",左边署"僧惠经敬立"。《闽书·方域志》引宋代王明叟《碑记》载:"豪山山巅有龙潭,天将雨,龙击生如钟磬……山麓故有祠,雨祷辄应。"朱熹、真德秀和知县郑公显等都曾来此祈雨。

祈雨道场碑记

"祈雨道场"石刻位于同安区新民镇豪岭山咸元洞之北1千米处。

《同安县志》卷四记载,西大山之南"为豪岭山,离县治三十里,山腰有石镌'祈雨道场'四字,僧明惠所立。清邑令唐孝本尝祈雨于此立应",其上为天马山,有豪山龙潭,"大旱大涸,天将雨,龙击水声如钟磬,时有五色蟹流出。下有庙(即豪山庙),即朱文公、真西山(德秀)祈雨处"。据此,豪岭山龙潭与北辰山十二龙潭一样,是宋、明、清地方官员祈雨之处。该处岩石高2.8米,南面楷书直题"祈雨道场"四字,年代莫辨。岩石西面横镌"维岳出云"四字,无款,其下楷书直题记述乾

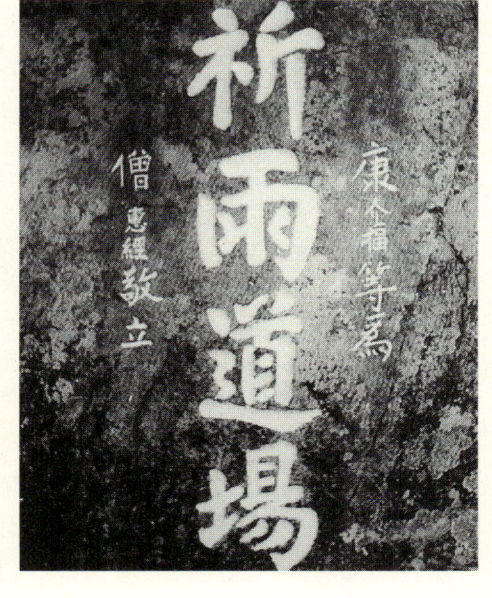

隆乙丑年（1745）秋旱，同安知县张荃领参将黄正纲、守备陈朝行、千总施凤、教谕赵鹏蜚、典史沈济世至此祈雨活动的过程。题刻正文为："秋成在望，灵雨未零。遍伸奠瘗之文，未叶滂沱之应。闻昔紫阳（朱熹）祈雨，遗迹犹存，比乎唐令（唐孝本）踵行，甘霖立沛。乃偕营属，用衣（依）神明，步行而去，戴雨而归。遂使大有兴歌，丰年志庆，洵山灵之苏兆姓，爰勒石以铭千秋。"这些石刻是研究地方古代气象的实物资料。

石帮记题刻

位于同安区新圩镇金炳村后的大帽山腰，系明万历辛卯年（1591年）黄文照楷书直题的一篇载述当地垒石墙、修槽道以保护环境的石刻题记，共六行。字幅高1.10米，宽0.60米。字幅上端横镌楷书"石帮记"三个字。署刻年款处已裂（按万历朝有乙卯、辛卯、癸卯，从残存字形看，似为"辛卯"），可辨读为"万历辛卯秋月"。末行署款"季韬谨撰"。文曰："石帮洪瀑，雨必成灾。殒吾良陌，且伤观瞻，余心不忍。倡导修治，垒风水石坦，拾丈有八尺，筑槽道百有二九丈，即此为夷时代。"该石刻是反映古代同安人治理环境的文物资料。

（作者：颜立水，厦门同安文史专家）

厦门气象主题公园

厦门市气象局地处狐尾山公园，公园面积1300亩，2006年3月，在厦门市委、市政府、市政协领导的关心下，《把狐尾山公园建设成气象主题公园》作为政协提案在厦门市政协大会上提出，从而揭开了厦门气象科普教育基地由点到面的建设和发展。

提案得到了厦门市委、市政府的高度重视。2006年4月，厦门市人民政府发文《厦门市人民政府关于推进气象事业发展的实施意见》中，明确提出"推进狐尾山气象主题公园建设，充分利用天文气象馆等场所加大气象科普宣传"，第一期工程于2007年被市委、市政府列入2008年为民办实事项目。气象部门积极参与气象主题公园建设，中国气象局郑国光局长专门组织并参与两次研讨会，2007年邀请气象、园林及规划等方面专家，组成以秦大河院士为组长的专家组，对"厦门气象主题公园规划方案"进行咨询论证；2008年厦门市气象局作为责任单位之一，密切配合地方政府和市政园林局共同开展该项目的建设，到目前为止地方财政已投入近1000万元，

附录

"气象主题公园"设计方案讨论会

2006年2月16日,政协黄建国委员在厦门市政协第十届委员会第四次会议上提出《把狐尾山建成气象主题公园》的提案。

厦门气象主题公园——世界气象文化广场

完成"世界气象组织文化广场"等四个与气象知识密切关系的第一期工程项目。

（厦门市气象局办公室提供）

同安东界村有——明代雷公雷母石刻肖像

"雷公"这个名字对于许多人来说可谓如雷贯耳，但是"雷母"这个名字就似乎从来没有人听说过了。2003年10月，文物工作者在新店镇东界村就发现了一对刻有雷公雷母肖像的古柱。原来，雷公并不是"单身汉"，至少从明代起，"雷母"就一直陪伴在雷公身边了。

这对古柱位于新店镇东界自然村祖祠前百米处。这是一对圆形的石柱，矗立在一块方形的水泥台上。石柱有1米多高，其中光人身就有62厘米高，圆柱直径36厘米。石柱雕像采用阳刻手法，雷公雷母的主题形象都比较突出明显，两个石柱上分别刻有"玉旨雷公火"和"玉旨雷母火"的字样。

就主体形象看，雷公雷母的脸形都比较清晰，但五官除了耳、鼻之外，都已风化模糊。仔细观察，可以发现雷公身上长有一对翅膀，脚踏祥云，手上还拿着斧头，威风凛凛。而雷母则仪态端详，手持一支拂尘。雷公雷母翘首相望，让人倍感情意绵绵。根据文物专家介绍，从来雷公都是独身，而且又都是阳性。东界村的雷公配有雷母，如此大胆的想象，还从来没有见过相关的记载。专家认为，作为一种新发现的文化现象，东界"雷母"具有较高的文化研究价值。

据东界村的老人介绍，石柱是明万历年间的东西，与石柱对面的东界石塔同属一个时代。文物也分析说：从人物的服饰特点看，这对石柱应该是属于明代的文物。据了解，雷公雷母石柱在"文革"期间曾遭遇破坏，两根石柱都被从中辟为两段，所幸没有伤及石刻肖像本身。后来，东界村村民用水泥将石柱进行粘合，并专门建造了祭祀台进行供奉。现在，村民每年逢六月十五都要举行活动进行祭祀。

（陈良炭　王英瑞　编写）

中高等院校气象教育

常言道：靠山吃山，靠海吃海。厦门作为福建东南沿海的海岛，长

期以来人们以海为田，从事捕捞、航运、晒盐、养殖和战事等活动谋求生存。在利用自然和改造自然的劳动中，经过漫长岁月的积淀，积累了丰富的"占风卜雨"的经验，摸索总结出气候变化的规律，在安排生活，进行生产劳动，或者指挥作战中，选择有利气象条件，防御不利的天气影响，以减少损失，增加财富。这些经验和知识几千年来以口口相传、讲古、戏剧、谚语、师徒传授等方式传承下来，这种民间自发的气象教育受众极为有限。而气象知识的系统教授是与厦门的中等职业教育和高等教育的发展俱进的。

1. 中等教育中气象教育的沿革

厦门中等教育的气象教育始于爱国华侨陈嘉庚先生创办的集美学校。20世纪初，陈嘉庚先生目睹因19世纪末西方列强入侵，中国"门户洞开，强邻环伺"，而水产、航海等海洋事业又非常落后，发出了"力挽海权，培养专才"的誓言。在1920年创办了集美学校水产科招收高小毕业生始开设"气象学"、"代数"、"通论"、"航海"、"水产通论"、"操船"、"渔具"等20多门课程，修业四年，以培养专业的水产、航海人才。"气象学"是其中一门必修课程，修习一年。同时，设置有气象观测实训课，但因条件所限一直未能考核。1924年独立为集美学校水产部；1925年水产部改称高级水产航海部，渔、航兼学；1927年改部为校，正式命名为集美高级水产航海学校；1932年改革学制，招收初中毕业生，为配合教学和研究需要，于同年6月成立了集美学校气象台，进行气象观测、实训和研究（见附图）；1935年改为私立集美高级水产航海职业学校，直至新中国成立初。新中国成立后，中等教育的规模和数量不断壮大，气象知识的传授也未曾间断。由于党政的重视，水产生产和航运业的需要。中专学校则于1952年10月改名为福建私立集美水产航海学校，1958年在陈嘉庚先生的要求下，水产、航海分开建校，水产学校在渔捞、水产养殖专业开设"气象学"、"海洋学"课程作为专业必修课。航海学校在驾驶专业开设"航海气象与海洋学"课程作为专业必修课，并分别在各自校区建设气象站。

中专教育学科不断壮大，专业设置增加多个，集美学校虽几经改制，几改校名，然其在渔捞、航海、水产专业教学的课程设置中《气象学》课程始终是一门专业必修课程。

2. 高等教育中气象教育的发展

厦门大学

著名爱国华侨领袖、被毛泽东同志誉为"华侨旗帜、民族光辉"的陈嘉庚先生在创办集美学校的同时也在筹建厦门大学，并于1921年创建了厦门大学。厦门大学是中国近代教育史上第一所华侨创办的综合性私立大学，是厦门最高学府。追溯厦门高等教育的气象教学，始于1922年厦门大学理学院的算学系，1922年成立的厦大理学院算学系开设《气象学》为选修课，由于教学研究上需要，厦门大学曾在厦门市区西南方，海边平原的校园内建立过气象台（详见本书第159页"厦门大学气象台"）；相继在航空工程系则开设"空气动力学"为必修课，"空气动力学二三"为选修课；在理工学院机电工程学系开设"空气动力学"为选修课；1946年在理工学院增设海洋系，开设"气象学"为必修课程，除教授海洋理化气象水文理论知识外，还另设海洋观测站一所，在海洋系组织规程中明确规定了海洋观测的职责：派人专责观测每日潮汐、测量海洋变化二次，全年长期工作不间断。观测项目暂定：潮汐、水温、空温、室温、海水比重与盐分、气压、湿度、能见度、风向、风速、云量、晴雨等。海洋系自1948年起，聘请中国航空气象台台长胡继勤先生为气象学兼任讲师，将福建省厦门测候所作为实习基地，将气象教学和研究紧密结合起来。新中国成立初期，国家为了适应经济建设对人才的需要，对高校院系进行了调整。厦大也按照国家要求进行一系列教学和体制改革。1952年，经全国高校院系调整后，成为文理综合性大学。1958年7月，厦门大学下放归福建省管理。1963年9月，经中央批准，厦门大学改为直属教育部的全国重点综合性大学。随着规模的扩大和学科的引申，相关专业和院系相继开设气象教育课程。

其他高等院校

由于党政的重视、水产生产和航运业的需要，1951年1月集美学校增办了集美水产商船专科学校，并增设水产养殖专业，在渔捞、航海、水产养殖均开设"气象学"课程作为专业必修课。1952年9月，厦门大学航务专修科和集美水产商船专科学校合并，在集美成立国立福建航海专科学校，次年并入大连海运学院，前后均有开设"气象学"为必修课。

20世纪70—80年代以来，在厦门水产学院的渔捞、水产养殖、渔政与资源管理专业开设"海洋气象学"，在集美航海专科学校船舶驾驶专业开

设"航海气象学与海洋学"、集美师范专科学校地理专业开设"气象与气候学"。

1994年10月20日，陈嘉庚诞辰120周年纪念大会上集美大学校牌揭幕式隆重举行，原厦门水产学院、集美师范高等专科学校等校分别改为集美大学水产学院、集美大学师范学院后，航海学院是集美大学航海学院，但对海外仍然可以用"集美航海学院"名称。对内集美大学航海学院简称"集美航海学院"。专业课程设置上气象教育课程名称仍采用原先的，但难度要求和课时安排上做了一些调整。

2003年2月，经福建省政府批准原集美水产学校升格为高职专科院校，纳入高等教育系列并更名为厦门海洋职业技术学院，学校设有5个系20多个专业，其中航海技术系航海技术专业开设"航海气象学与海洋学"为必修课，生物技术系海水养殖专业、渔政与资源管理专业均将"海洋气象学"作为专业选修课。

（钟慧萍 编写）

康熙年间澎湖海战促台回归与气象应用

台湾是伟大祖国的宝岛，与大陆一水相连，骨肉相亲。该地区冬季受东北季风的控制，夏季处于西南季风中，属于典型的亚热带海洋性季风气候。福建厦门东临台湾海峡，与金门岛比邻，与台湾岛隔海相望。在我国历史上三百多年前的明末清初年间，民族英雄郑成功在厦门金门建立军事要塞，操练水师，于1661年4月从金门挥师渡海东征，1662年2月驱除荷兰侵略者收复了台湾，建立了不朽的历史功勋。此后明郑势力统治台湾与清王朝对峙，郑成功在收复台湾仅4个月后不幸病殁，其子郑经和其孙郑克塽先后掌管台湾。清政府从顺治八年（1651年）起与郑氏集团进行过多次谈判，并数次派员去台"招抚"，希望解决国家疆土统一问题，答应郑氏世守台湾，条件也很宽容，在多年和谈政策努力无效后，决定以武力收复台湾。康熙起用福建晋江人施琅担任水师提督（舰队司令），施琅曾是郑成功父亲郑芝龙手下的战将，后来随郑芝龙归顺清军，他有着多年的海疆军旅生涯和战斗经验，熟悉海防，并利用厦门和金门的港湾，训练水师毫不放松，对攻取台湾的态度非常坚决，还详细制订了先取澎湖后取台湾的作战计划。

对施琅收复台湾的历史功劳记载，人们评论较多，也比较熟悉，但他曾经两度大规模出征,前一度3次都因为气象原因而失利却是鲜为人知的。海上航行与战斗,气象条件至关重要,在当时尚未发明和应用蒸汽机器作为动力的年代,船舶航行只能依靠风帆和气象条件,天气晴好顺风则航行快,反之遇到狂风暴雨,轻则无法行进,重则吹翻船只造成人员和设备损失。笔者据史料考证:施琅和他的水师曾从厦门、金门和福州等地的水师基地港口分头出发,两度率兵出海攻打台湾,前一度3次渡海东征都因为气象条件恶劣受挫,没有成功,十多年后第4次清军顺应和利用了偏南风的气象条件作战,才一举克敌获得成功。

在史料中历史上前一度的3次航海出征失利是这样记载的:康熙三年十一月间,即1664年冬天在偏北风季节里,施琅首次率领船队分别从厦门金门等地出发攻打台湾,不料刚航行到洋面上就遇上了大风,惊涛骇浪里无法行进,只得返回。他"于去年十一月间,统领众伯、总兵官等各官兵船只,进发台湾。舟师行至洋面,骤起飓风,难于逆进而还"。[1]几个月后也就是康熙四年三月施琅选择春季第2次由厦金兵发台湾,史料记载他"乃于本年三月二十六日会同众伯、总兵官等,率领所有舟师开驾,驶入外洋。时因风轻浪平,驶行三昼夜,尚难于前行。二十八日,暂且依山泊船汲水。二十九日,再行开驾,又遇东风迎面扑来,迫于无奈,返回蓼罗(金门岛料罗湾)"。这次出航前3天虽然没有碰到风浪,但因风力太小或在无风条件下航行,致使以风帆为动力的船队行进速度缓慢,进展很不顺利,只得找地方抛锚休息与补充淡水,等第4天船队开拔后,气象条件剧烈变化,遇到了偏东迎面的大风浪无法行进只得无功返航。此后半个月里天气一直不好,"自四月初一至初八日,连日逆风呼啸,乃于初八日夜,复向东南进发。海上浪翻潮涌,船难泊于蓼罗,仍率舟师驶返金门,暂避风浪"。休整了一周后,着急的施琅率领船队又启程了,但所遇到的天气更加糟糕。"本月十六日,天时晴霁,臣又会同众伯、总兵官等,率领舟师开驾,进发台湾。十七日午时,臣等驶入澎湖口,骤遇狂风大作,暴雨倾注,波涛汹涌,白雾茫茫,眼前一片迷漫。"航行中海面上掀起了大浪和暴风雨,致使"我舟师不及撤回,皆被巨浪凌空拍击,人仰船倾,悲号之声,犹如水中发出,情势十分危急"。台湾海峡的风暴把清水师船只桅杆刮断裂,风帆被撕成了破布,船桨折断船舱漏水,非常危险。所幸这个飓风只是把船队吹散刮坏了,有少数小船被风浪掀翻沉没,失踪人员不多,损失不是很大,多数战船折返回厦门港湾,施琅自己的指挥船被吹到了南边广东省潮洲地界,十天后才返回厦门[1]。此外,康熙四年庚继茂题为密

附录

报进攻台湾舟师被风事本对这三次渡海遭遇风浪而失利的情况也留有详细记载,在此不再作引证论述。[1] 就这样,康熙初年清军水师渡海远征台湾的行动因气象原因完全失利。后施琅也被调入京城,离开福建。

1681年,清政府在平定了三藩之乱后,中国大陆已完全统一,统一台湾问题又纳入了日程,亲政的康熙皇帝重新任命施琅为福建水师提督,限期攻取台湾。施琅利用厦门金门等东南岛屿的港湾训练水师,修造战船,做了充分的战前准备工作。鉴于以往教训,把选择进军季节时间风等作为重要大事,经过了长期对气象和气候规律的观察摸索,基本熟悉了海峡地区的风潮情况,得出夏季高温高湿多雨,能见度良好,特别是风力和缓顺畅,有利于舟师安全横渡海峡的结论,鉴于以往失利教训他决心避开偏北风,而利用偏南风出征。对选择北风还是南风进军这个关键问题,当时在清军将领之间还发生过激烈争论。对"总督、提督称南风不如北风"的争执,施琅认为"夫南风之信,风轻浪平,将士无晕眩之患,且居上风上流,势如破竹,岂不一鼓而收全胜"。面对有将领主张采用北风进兵,他多次陈述自己的意见,就南风和北风对航海军事的影响优劣做比较。他说:"乘夏至南风成信,当即进发捣巢。盖北风刚硬,骤发骤息,非常不准,难以逆料,南风柔和,波浪颇恬,故用南风破贼,甚为稳当。"[2] 这在三百多年前气象科技尚不发达的古代是很难得的,最终他以充分的论据特别是气象风候理由说服了其他将领。

鉴于前3次因风浪天气而失败的教训,久经风浪的施琅在向康熙皇帝上报《密陈专征疏》中专门就气候与风向问题谈了他的认识:"春夏之交,东北风为多,我船尽是顶风顶流,断难逆进……莫如就夏至南风成信,连旬盛发,从铜山开驾,顺风坐浪,船得联综齐行,兵无晕眩之患,深有得于天时、地利、人和之全备。"[2] 从这些论述中可以看到,施琅根据长期的经验认识到了夏季里海峡洋面并非天天都刮狂风,只要能够避开台风等恶劣天气的袭击,是可以挑选出一段良好天气顺利出航作战的。鉴于以往遇到大风浪的教训,他在挑选进兵季节上反复斟酌,确定在农历六月份乘南风起航。清康熙二十二年六月十四日(1683年7月8日),已经年过60岁的施琅统帅水兵2万余人,大型战船300余艘,200余艘其他作战船只由福建铜山(东山)港扬帆起程,一路乘风破浪,首先进攻台湾的屏障澎湖,爆发了清初著名的澎湖战役。

当时澎湖列岛由郑军主帅刘国轩率领重兵把守,设有坚固的防御工事,清军采取了灵活的作战方针,兵分三路,左右两翼牵制敌人,主力居中直捣敌阵船队。在几天的战斗里，多数时间内都刮着柔和的南风，清军处于上风方向可以趁风势快速前进冲击敌人，前期会战中双方互有胜负，但郑军始终处于逆风被动不利的态势。特别是7月16日海上决战打响后，清水师迅速利用有利的西南风向条件，以"五点梅花阵"战术，即多艘战船围攻郑军1艘集中兵力作战，从早晨到下午"炮火矢石交攻，有如雨点，烟焰蔽天，咫尺莫辨"。[2]战斗进行得最为激烈，此战役清军击毁郑军大小战船近200艘，几乎全歼了郑军主力，缴获许多船只和武器装备，很快攻克澎湖列岛，刘国轩只因地形熟悉，才从水浅礁险的吼门岛屿乘水涨风顺的气象条件，带领少数船只和部队冲出包围逃回台湾。参战的福建总督姚启圣的奏章中也赞扬战斗中的气象条件良好"是皆朝廷洪福齐天，当此台风坏船之际，一连数日风平浪静，致此大捷"。[1]

澎湖是台湾的门户，收复澎湖等于打破了海峡天堑，施琅又展开了强大的政治攻势。在大兵压境面前，台湾全岛人心震动，迫使台湾郑氏集团作出明智选择接受招抚，递交降表，清政府和平收复了台湾。清军进驻台湾后"百姓壶浆相继于路，海兵已预制旗号以迎王师"（见《靖海志》卷4），实现了国家的和平统一，迎来了清朝前期历史上有名的康乾盛世。后来施琅被康熙皇帝授予靖海侯。

在这里我们看到：多年未解决的台湾问题，之所以能够通过短短数天的战斗解决，除去清政府在对台行动适应国家经过长期战乱和隔离后，民心所向统一的大趋势外，顺应气象条件，利用气象规律取得胜利也是其中的重要取胜因素之一。而符合历史潮流，顺乎民意使国家领土完成统一的壮举，都会永载中华民族的伟大史册中，这对目前海峡两岸相隔60年后的今天，早日实现祖国和平统一大业仍然有着借鉴意义。

（作者：北京市气象局曹冀鲁）

主要参考文献：

[1] 清施琅为舟师进攻台湾途次被风飘散拟克期复征事本等档案见《康熙统一台湾档案史料选辑》，厦门大学台湾研究所，中国第一历史档案馆编辑部编，福建人民出版社，1983。

[2]《靖海纪事》

厦门气象开拓者——杨昌业、林永章等

杨昌业，新中国第一个农业气象专业创建者，他与厦门渊源于1935—1937年间担任厦门大学理学院讲师兼气象台主任。

可以说，他是近代厦门市首位气象台长。1925年（民国14年）厦门大学因教学的需要在校园内设气象台，1932年开始观测。厦门大学气象台是福建省自办的最早的近代气象机构，也是厦门自办的最早的气象机构。1937年抗日战争爆发，学校内迁长汀，同年4月30日，厦大气象台关闭。

杨昌业1927年考入国立中央大学理学院地理系气象专业，师承竺可桢教授，1931年毕业，获理学学士学位；1932年，到中央研究院气象研究所工作；1935年后，历任厦门大学理学院讲师兼气象台主任、中央研究院定海测候所主任、福建省气象局技正、南京临时大学气象系教授等职；1946年，被聘为国立北京大学农学院森林学系副教授和国立北京师范大学地理系副教授；1949年9月，被聘为北京农业大学森林学系副教授，1952年晋升为教授。

杨昌业

在厦门大学期间，杨昌业译著了《气象学论丛》（页数：80页），1935年1月由厦门大学理学院出版。

20世纪50年代初期，根据卓越的气象学家竺可桢和涂长望的建议，他在北京农业大学着手筹建新中国第一个农业气象专业，为中国农业气象工作奠定了基础。

（帅红 编写）

林永章同志，新中国厦门气象台第一任台长。1917年10月出生，福建省永春县下邱村林榆柳人，汉族。1947年7月16日山东巨野六营集解

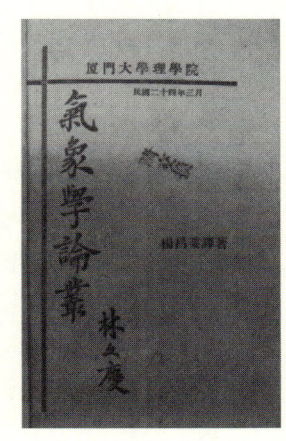

放时入伍，1947年12月17日在一纵二旅五团二营六连入党。入伍后随部队转战南北，参加过各种作战数十次，记三等功三次，二等功一次，模范一次。1950年，升为正连级干部，时年34岁。

1952年8月23日，受华东军区气象处所属福建军区情报处气象科委派，林永章同志率领一批陆军气象人员到在厦门鼓浪屿升旗山的复兴路75号设立了厦门气象站，任站长；1954年1月1日，厦门气象站改名为厦门气象台，为国家基本站，受福建省气象科领导，委托厦门市人民政府、交通部航管局代管，林永章任台长，汪潮华任副台长，1956年起林永章兼任厦门气象台党支部书记；1958年9月15日，厦门气象台改名为福建海洋水文气象台，1966年3月10日再次改名为福建省厦门市气象台，林永章同志一直担任台长职务。

1966年"文革"开始后，林永章同志开始受到审查和迫害，1969年被免去一切职务，1981年，中共厦门市委为林永章同志平反，同年8月，再次被福建省气象局党组任命为厦门市气象台台长，兼任支部书记，1983年离休。

（魏锦成 编写）

气象"局校合作"

为了贯彻落实中国气象局提出的加强局校合作的精神，同时响应全国公共气象服务工作会议和第三次气象科普工作会议上提出的在全国广泛开展气象科普活动的号召，厦门气象局与南京信息工程大学经共同协商研究决定，建立基于推进气象事业科学发展，适应现代气象业务发展需求和公共气象服务体系总体要求的局校合作。

12月2日上午，厦门市气象局范新强局长、陈荣让副局长率有关单位负

附录

责人到南京信息工程大学,签订了局校合作框架协议及基于气象科普教研领域的三个具体项目。

南京信息工程大学李廉水校长(博士生导师)率学校党政有关方面负责人对厦门气象局的到访表示热烈欢迎,并代表南京信息工程大学和范新强局长签署合作框架协议。南京信息工程大学党委副书记、副校长李刚和陈荣让副局长代表各自单位签署了关于"双方注资成立气象科普教研中心"等三个具体合作项目。

签字仪式由南京信息工程大学党委副书记、副校长李刚主持。

会上,李廉水校长介绍了南京信息工程大学的发展近况阐释了学校在开放发展、联合发展方针引领下的一系列发展思路,他指出,学校坚持"三个主动"、"四个依靠"的发展思路,与中国气象局及各省市气象局的合作不断推向深入,学校也真诚希望得到厦门气象局的支持,共同发展,共同服务中国气象事业。

范新强局长将南京信息工程大学喻为"全国气象行业的黄埔军校",他表示,厦门市气象局选择与南信大合作,就是相信南信大雄厚的师资力量可以帮助提供科学的管理体系、解决人才的瓶颈问题,加快科技创新的步伐,促使科研与业务相结合,实现优势互补、共同发展。

签订仪式后,双方围绕基层气象人才培养、科技创新等问题展开深入细致的探讨。

李刚副校长认为,厦门地理位置的特殊性决定了厦门气象局工作的重要性,加强局校合作,可以推进双方事业共同发展,将中国气象局关于局校合作的指示精神落到实处。

厦门市气象局陈荣让副局长就科学发展需要科学管理及人才需求,气象科普人才培养和气象科普展品制作展示等方面提出了意见和建议。

(魏锦成 编写)

附录

附录一：历年气象灾害大事记

旱灾

849年（唐大中三年）唐宣宗遁迹过苧溪（现集美区后溪镇），有陈婆者进麦饭，宣宗问之，以旱田对。

1102年（北宋崇宁元年）大旱，水泉涸，民有渴死、中暑死。

1150年前后（南宋绍兴中），天旱民饥。

1184年（淳熙十一年）旱，诏赐米赈灾。

1354年（元至正十四年）大旱，种不入土，人相食。

1486年（明成化二十二年）春夏旱，禾苗俱枯，秋复旱，民多流移。

1536年（嘉靖十五年）同安久旱，大饥，民多流殍。

1537年（嘉靖十六年）同安旱。

1544年（嘉靖二十三年）旱，厦门饥荒。

1545年（嘉靖二十四年）同安相继旱灾，斗米三百余钱，厦门旱饥荒。

1561年（嘉靖四十年）春夏大旱，同安知县谭维鼎率员到北山十二龙潭祈雨，现存"瓶台霖雨"碑记。

1579年（万历七年）同安大旱，蝗，饥馑。

1580年（万历八年）连旱，饥。

1681年（清康熙二十年）秋，同安，大旱，禾尽槁。

1728年（雍正六年）秋，大旱。

1742年（乾隆七年）春，同安大旱。

1748年（乾隆十三年）秋禾被旱。

1774年（乾隆三十九年）春，旱。

1781年（乾隆四十六年）春，旱，岁歉。

1787年（乾隆五十二年）同安大旱，大歉。

1794年（乾隆五十九年）六月，同安旱。

1864年（同治三年）同安大旱，饥荒，斗米七百文。

1870年（同治九年）大旱，鼓岗湖涸，饥民载道，翔凤里民掘草根采树叶以食，饥殍载道。

1891年（光绪十七年）七八月间，厦门大旱，苗尽槁。

1893年（光绪十九年）厦门大旱，早稻失收。

1905年（光绪三十一年）旱。

1907年（光绪三十三年）厦门秋旱，晚稻歉收。

1910年（宣统二年）厦门大旱，港水竭。三月至十月总雨量为历年的47%，属历史上最大的旱年。

1911年（宣统三年）厦门夏旱，厦门、同安马巷港水干涸，庄稼无水，野无青草。

1915年（民国4年）厦门四月苦潦，秋苦旱。

1920年（民国9年）秋连冬旱，四个月无雨，庄稼微收。

1936年（民国25年）春旱接夏秋旱，四个月无雨，庄稼微收。

1937年（民国26年）四月至五月大旱，雨量为历年的50%，市内水荒，旱情是历年罕见。

1946年（民国35年）春旱，沿海赤地千里，早稻不能下种，作物枯萎，秋季高温，晚稻禾苗三分之二焦枯，为八十岁老人未见之怪旱。

1947年（民国36年）春大旱，水位破纪录最低。

1948年（民国37年）春旱，泉水涸，农作物受灾惨，为五十年罕见。秋、冬又旱，年降雨量为历史上最小年份。

1950年8月下旬至9月中旬，连日旱30天，同安县受旱面积14.7万亩，秋粮减产三成。

1953年7月6日至8月17日共43天夏季大旱，禾苗枯死，水田龟裂，花生、大豆、水稻、甘蔗、海蛎均歉收。

1954年11月14日至1955年2月10日，秋冬大旱89天。1955年春旱56天，

附录

秋季又特旱113天，同安县农作物减产五成以上。

1956年6月18日至8月2日，夏季特旱46天，夏收作物减产。

1957年7月上旬至10月中旬连旱，沿海地区旱情特别严重，受旱面积12.6万亩，减产8.86万担。

1962年11月13日至1963年2月10日连续90天冬季大旱。

1963年1月28日至5月1日，春季特旱94天，同安县十个中小型水库干涸。汀溪、策槽水库断流，马巷山亭村组织十五层车水抗旱。同安县农作物受灾严重，是六十多年来所未有的大旱。

1965年8月24日至10月4日夏季大旱42天。

1967年，全市受旱面积29万亩。

1969年8月12日至9月26日，夏季大旱46天。

1971年6—7月，夏旱20天，全市受旱面积5万亩。

1972年3月春旱，6万多亩早稻无水插秧。

1977年2月11日至5月1日，春季大旱80天，接着又夏旱54天，同安县多数水库及五条大溪断流，三分之一的稻田断水，晒白凋萎的有1.8万亩。

1978年6月17日至8月9日，夏大旱44天，夏收作物减产。

1979年5月25日至7月24日，受旱61天，旱情严重，同安县19万亩晚稻有16万亩缺水插秧，个别地区人畜饮水困难，8月9日同安县在驻军支援下，实施人工降雨，旱情在8月底缓解。

1980年6月7日至7月11日，夏大旱38天，6月28日同安县人民政府联系驻军，出动二门高射炮，协助进行人工降雨，作业5次，发射碘化银炮弹132发，5次降雨共207毫米。

1982年9月夏特大旱，沿海地区，同安县新店镇自8月21日至11月中旬，共80多天干旱。后村，彭厝挖港数丈深，不少水库干涸，全县晚稻3.64万亩减产。

1986年8月起夏特大旱，同安县有78座小水库（二型）干涸60座，60%的秋收作物受灾。

1990年冬旱接1991年春旱连夏旱，同安县受灾面积17.14万亩。

1991年春连夏大旱，同安3月1日至6月7日总降雨量仅169.0毫米，受灾人数74597人，农作物14137.4公顷，绝收2950.39公顷。

1992年，夏秋连旱，全市受旱面积17.71万亩，晒死作物5.91万亩，直接经济损失6590.1万元。

1995年，夏、秋、冬连旱，受旱面积7.6万亩。

2001年，10月份到次年7月初，厦门持续干旱少雨，全市受旱面积达19万亩，旱情仅次于1955年。6月12日，全市25座小型以上水库总蓄水量仅为2150万立方米，是近年来最少的。

2002年冬季连春季特旱，不少水库干涸，造成102400人饮水困难，19221公顷农作物受灾，3458公顷绝收，直接经济损失达15496.8万元。

2003年6月28日至8月3日，出现37天的高温少雨天气，降雨量仅3.3毫米，发生50年来最严重的夏季大旱，全市农作物受旱面积达15万亩，龙眼等水果受旱20多万亩。10月15日至次年2月9日，又出现连续117天少雨天气，发生了严重的秋冬特旱。

2007年1—5月厦门降水持续异常偏少，岛外（同安）总降水量仅367.0毫米，而蒸发明显偏多，导致水库水位持续下降，汀溪、溪东、古宅、小坪、溪头等重要水库基本上接近死水位，一度出现了供水紧张的局面，从农业干旱监测标准分析，5月发生中等程度的农业干旱，给农业生产带来不利的影响。

2008年2—4月降水持续偏少，蒸发大，出现了春旱，致使厦门各水库水位持续下降，其中汀溪、溪东、古宅、小坪、溪头等重要水库水位接近死水位，出现供水紧张局面，导致新圩水厂（日供水规模1万吨）供水片区的居民生活和工农业用水十分紧张，临时采取抽水补充和人工增雨措施，以缓解古宅水库供水压力。全市农作物受旱面积达0.65千公顷。

台风

1528年（明嘉靖七年）八月初九夜，大风拔木发屋，初十夜，雨下如注，风乃止。

1542年（嘉靖二十一年）飓风大作，飞瓦拔木，榕树连数抱者也绝根而仆，百岁老人未尝时睹过。

1603年（万历三十一年）八月初五，飓风大作，潮涌数丈，沿海渔民埭田漂没甚众，海水冲溢积善、嘉禾（现岛内）等里，坏房屋，溺死人。同安沿海民居埭田被淹没甚多。

1752年（清乾隆十七年）七月初七日夜大风，初八夜大水，各港泊大小船有的冲击至陆地，连抱大树具拔，漂坏庐舍无数。

1848年（道光二十八）七月初三日，厦门飓风。

1854年（咸丰四年）八月初八日，厦门飓风暴雨不止，平地水深尺

附录

余，塌屋不少。

1892年（光绪十八年）七月二十九日，厦门飓风大作。

1893年（光绪十九年）八月初一日夜，同安大风，拔树甚多，海滨货船渔艇破者数十艘。初二日厦门大风，晚稻伤害。

1894年（光绪二十年）蛟自北来。六月大水为灾，城塌西桥亦坏，人屋漂没无数。

1904年（光绪三十年）厦门飓风。

1908年（光绪三十四年）九月二十一日，厦门飓风。

1910年（宣统二年）七月二十八日，飓风大作，港中帆船破者颇多。

1917年（民国6年）七月二十六日，台风袭击厦门，当天晚上11时到第二天2点钟之间，风势最为猛烈，狂风暴雨交加，市区房屋的天窗都给风刮去，海上小轮沉没十余艘，太古栈的趸船被风推上路头，停泊港内的一艘德国轮船也一下子被刮到大石坑，几百条大驳船只剩下二十多艘，双桨小船毁坏将近2000只，民房倒塌者不计其数，厦门城的东北城楼同时倒塌，岛上树木断杆离根，一片狼藉……这次风灾，漂走、沉溺、压死的人有近1000人，财产损失更是难以估计。灾后尸横遍地，流尸满海，情况极其凄惨。

1918年（民国7年）六月三十日，厦门飓风，厦港电线断。

1919年（民国8年）八月十五日，飓风海啸为灾，田亩多被淹。

1920年（民国9年）六月初一起，厦门连续大风不止。

1922年（民国11年）八月，厦门飓风，英国轮船在金门海面沉没。

1934年（民国23年）九月，强台风，同安县大风暴雨，作物多损失，树倒甚多。

1935年（民国23年）七月，闽南各县飓风大水为灾，损失甚重。

1937年（民国26年）五月二十七日，飓风拔树，海水冲堤淹田。

1938年（民国27年）八月，强台风正面袭击，重大损失。

1944年（民国33年）九月，台风，后溪、立新四被淹。十月，又遭飓风拔树，海水冲过堤岸缺口。

1945年（民国34年）九月，飓风，骤雨，巨浪，船破，房倒，堤崩。

1946年（民国35年）六月，飓风在厦门附近登陆，风极强，夹下雨。八月，飓风登陆，晨狂风骤雨，巨浪，屋毁树倒，压死小孩。

1948年（民国37年）六月十三日至十七日，暴雨成灾。九月，飓风，暴雨，毁船，屋塌，树拔。

1917年9月26日上海《申报》报道的厦门台风灾害

厦门气候

　　1949年10月4日，台风在厦门登陆，暴风雨，房、树、船被毁甚多。

　　1956年9月18—20日，第26号台风在厦门至同安县沿海登陆，18日7时—19日7时，特大暴雨，降雨量达371.9毫米，17时洪水淹入同安县城关街道，至24时水深达2～6米，20日心水高2～3米，同安东溪一带淹没屋顶，同安县人民政府从欧厝、澳洲、丙洲、后田等地调集渔船到县城抢救，同安驻军，厦门海军均出动大批官兵及汽艇参加救灾，渔船可驶至同安县城钟楼口，解放军汽艇驶到同安县城南门桥边。全县受灾33个乡，108个村，11505户，41218人，死亡17人，伤103人；被淹水田53000亩，倒塌房屋4972间，半倒房屋1888间，损坏房屋4520间；冲垮海堤1147处，溪岸617处；冲毁水利设施579处；冲塌小水库4座；冲垮渠道260段，水坝1101条；树木刮倒无数。

　　1958年7月17日，强台风从沿海登陆，风力12级以上，当日暴雨如注，山洪暴发，冲毁水利设施6078处，后村盐堤被冲垮。

　　1959年8月22日下午，天气闷热无风，晚霞倒映，晚上云片飘飞。23日凌晨3时，狂风大作，第三号台风从厦门及同安县沿海登陆，最大风力12级以上，瞬时风速高达60米/秒。随之暴雨，风暴潮，丙洲下乡，海浪漫过屋顶。行驶广东汕头的大船被台风、风暴潮冲到厦门何厝村的陆地上。同安后村、蔡厝的运输船被台风、风暴潮冲上陆地百步远。同安汪厝大榕树被大风连根拔掉。同安县海堤被冲垮637处，计长36809米，受淹稻田15891亩，毁坏渔船764条、运输船105条，死亡23人。厦门、同安、晋江地区及龙溪抗灾牺牲和因灾死亡583人，其中厦门地区死亡154人，另外从海上捞起外国籍尸体171具。厦门市区低洼地水深1.0米以上，策槽丙洲大队浪飞过屋顶，水淹2米多，海水涨过福厦公路以上农田，比历年最高水位还高。全部用花岗石砌成的厦门、杏林到

抗击5903号台风的历史照片报道

集美海堤中的大部分岩石被风浪拔了下来。

5903号台风虽然范围小，但强度大，又恰逢农历七月十九日天文潮，因而在本次台风的风、浪、潮共同施威下，厦门及邻近地区的人财物损失相当严重。

1960年8月8日下午8时，台风袭击沿海，最大风力达12级，同时暴雨如注，同安县城一连四天淹水。沿海海堤被冲垮不少。

1961年9月10日，21号台风带来暴雨，同安城关淹水，福厦公路中断通车。

1963年6月30日至7月1日，第3号台风从同安县沿海登陆，暴雨如注，同安马巷航阳、市头日降雨量达200毫米；同安县受灾水稻5万多亩；高粱2000多亩，花生1.6万亩，溪岸多处被冲毁；冲毁船4条，死亡1人。

厦门市区厦禾路暴雨满街

附录

1973年7月3日，第一号强台风，最大风力达11级。暴雨如注，山洪暴发，死亡7人，伤64人，淹死牲畜38只，倒塌房屋1300间，损坏5827间，损坏渔船248条，刮倒树木8545棵，电杆400余根，早稻受灾9458亩，同安澳头村三棵古大榕树被刮倒。

1973年10月10日第15号台风，从厦门及同安沿海登陆，破坏力大，同安县死亡1人，伤1人；毁坏渔船89条，冲毁海堤166处，倒塌房屋245间、仓库113间、畜舍254间，冲垮溪岸27处，刮倒龙眼树400多棵，橡胶树300多棵、杂树5万多棵，海蛎460万株，盐损失3.5万多担。

1980年5月24日第4号台风暴雨，日降雨量140毫米，同安县受灾水稻4万8千亩，损坏房屋1369间（其中倒塌385间），冲毁水利设施518处；刮倒龙眼树、杂树9.8万多棵；冲毁桥梁18座，撞坏渔船36条。

1980年9月21日第16号台风，同安县沿海最大风力达11级的东北大风及暴雨，23日雨量达98.8毫米，冲垮海堤2处，6000多亩水稻被淹。

1982年7月29日7时，第9号台风从莆田湄洲岛登陆，同安县风力11级，五显桥头的大榕树被刮倒，新民凤岗村石电杆被台风刮断10多支，断为3节，市头、马头山水泥杆柱被吹弯倒，洪塘乡受灾甘蔗2267亩，刮倒龙眼树451棵。

1982年8月16日，受第12号台风影响极大，风速达18米/秒，同安县出现大风暴雨，总雨量达123毫米。

1984年8月31日，受第11号台风影响，同安县大风风速达18米/秒，暴雨。死亡1人，倒塌房屋30多间，受淹农田1万多亩，甘蔗、黄麻等高秆作物及龙眼、杂树受到严重损失。

1985年6月23—26日，受第4号台风影响，出现狂风暴雨，同安沿海风力最大达10~11级，汀溪水库库区降雨量330毫米，死亡1人，伤10人，倒塌房屋470间，损坏房屋900间，全市直接经济损失2349万元。

1986年9月19日，受17号台风袭击，胡里山两段海堤出现严重崩塌，决口长达200多米，数百名军民冒雨奋力抢修。

1987年9月21日，受第12号台风影响出现大风暴雨，冲坏虾池114亩，甘蔗、龙眼树刮倒不少。

1988年9月20日，受8817号台风影响，厦门地区普降连续暴雨到大暴雨过程，并出现6级阵风9级大风，倒塌房屋19间，损坏房屋61间，全市直接经济损失130万元。

1990年6月29日至7月2日，受9006号台风袭击，厦门地区出现大风暴雨天气，其中29日到30日连续两天12～13级大风，7月1—2日连续两天暴雨，导致122216人受灾，死5人，伤4人，倒塌房屋1103间，损坏房屋1770间，46120棵树木被吹倒，多处通信电力输送线路刮断，停电380小时，通信中断9.85小时，工厂停产12间，沉船104只，全市直接经济损失4686.02万元。

1990年7月30日至8月5日，受9009号台风影响，持续5天连降暴雨，山洪暴发，多处山体滑坡，部分路段交通中断，坝塘缺口，农田被淹，民房倒塌，禽畜死亡，仅同安县，受灾5.47万户，直接经济损失1482.91万元。

1990年8月19—23日，受9012号台风影响，同安县，海产受损700万元，农作物受淹5万亩，水电设施损失150万元，房屋倒塌95间，共计直接经济损失1130万元。

1990年9月5—9日，受9018号台风影响，暴雨成灾，堤岸塌方2.3千米，冲毁溪岸400米，冲塌堤坝400立方米，冲毁桥梁1座，盐田受淹5.5公顷，农作物受淹1.023万亩，共计直接经济损失175万元。

1994年8月，受13号台风影响，最大过程雨量694毫米，洪涝灾害损失694万元，水利工程损失194万元。

1995年7月29日，受9504号台风影响，厦门普降连续暴雨，市区最大风力7级，阵风10级，死3人，伤2人，倒塌房屋110间，损坏房屋283间，工厂停产26间，沉船212只，全市直接经济损失11432.93万元。

1996年8月1—5日，8号台风袭击厦门，最大过程雨量达200.6毫米，全市海堤决口102处，盐场被冲660多公顷，鱼虾池和农田受淹达6000多公顷。汀溪水库坝区24小时降雨336.3毫米，杏林湾水库2天降雨210.2毫米。同安湾实测潮水位4.618米，比厦门市历史最高潮水位高9厘米。全市12个镇17.71万人受灾，农田受淹10.72万亩，损毁房屋2442间，倒塌568间，毁坏水利工程655处，直接经济损失4.1811亿元。

1997年8月2—4日，受10号台风影响，最大过程雨量584.1毫米，受灾作物2165亩，损坏水利工程104处，直接经济损失3582万元。

1997年8月29—31日，受第14号台风影响，最大过程雨量262.3毫米，受灾作物6105亩，损毁房屋95间，直接经济损失660万元。

1998年10月27—28日，受第14号台风影响，最大过程雨量200毫米，受灾作物3.04万亩，损毁房屋85间，直接经济损失1302.2万元。

1999年10月9日，第14号台风于上午10时在福建龙海市镇海角登陆。登陆时台风中心气压970百帕，近中心最大风速33米/秒，台风登陆后自南

附录

而北缓慢穿过厦门地区。受台风影响，厦门地区普降大暴雨，市区雨量达208毫米，其中过程雨量最大的是小坪水库280毫升；最大平均风速25.3米/秒，最大阵风47.1米/秒。这次台风正面袭击厦门，台风中心登陆后在厦门境内停留了5~6小时，加上适逢农历九月初一天文大潮，给厦门造成严重破坏。

2000年8月23—25日，受第10号台风影响，全市出现强项降水，最大过程雨量483毫米，受灾作物5.24万亩，损毁房屋67间，直接经济损失2626万元。

2001年9月19—20日，受19号台风外围影响，全市普降暴雨到大暴雨，12小时过程雨量达174毫米。由于降水集中，强度大，岛内城区低洼地带最大积水深达70厘米左右。全市共有4个区9个镇0.88万人受灾，受灾作物7.39万亩，直接经济损失1.793亿元。

2002年8月4日在南海生成发展的0212号强热带风暴"北冕"，5日6时15分登陆广东汕尾，影响厦门6—8日连续三天暴雨到大暴雨，6日24小时最大雨量达141毫米，3—10日累计总雨量427毫米，最大风力6~7级、阵风9级。"北冕"涝灾造成厦门数千万元的经济损失。

2004年受第18号热带风暴"艾利"影响，厦门市区平均最大风速为20.7米/秒，风力8级，极大风速为32.9米/秒，风力12级；全市各地普降暴雨到大暴雨；造成厦门受灾人数1065人，农作物受灾面积达1279公顷，农作物绝收面积达399公顷，房屋倒塌67间，直接经济损失3659万元。

2005年8月14日，受第10号强热带风暴"珊瑚"外围影响，厦门出现60年一遇的短时强降水，特别是汀溪水库上游短时出现特大暴雨，2小时降雨达155毫米，降雨强度是创建水库以来之最，来水量也创下历史最高纪录。13—16日，全市出现强降水过程，最大过程雨量达625毫米。6个区18个镇8.5万人受灾，紧急转移低洼、易滑坡等危险地带人员24261人，倒塌房屋1927间，受灾作物面积11.78万亩，直接经济损失3.89亿元。

2005年8月13—14日受第13号台风"泰利"影响，全市受灾人数2230人，倒塌房屋63间，转移人口10819人，直接经济损失2086万元。

2005年10月2日，受第19号台风"龙王"的影响，厦门出现强降雨，普降暴雨到大暴雨。最大过程雨量达326毫米。全市紧急转移低洼、易滑坡等危险地带人员21107人，紧急转移渔排人员724人，房屋倒塌11间，农作物受灾面积13万亩，全市直接经济损失3775.4万元。

2006年5月18日，受0601号台风"珍珠"影响，全市直接经济损失6220

万元，其中水利设施损失428万元，受灾人数6800多人，倒塌房屋104间，农作物受灾面积1198公顷，停产工矿企业43家，堤防损坏28处230米，塘坝损坏5座，灌溉设施损坏23处，没有人员伤亡，多处城市主干道积水严重，个别路段淹水深度达1米以上，行道树木受损也较严重。

2006年7月13—18日，受0604号强热带风暴"碧利斯"影响，全市6区27个乡（镇）受灾，直接经济损失7812.51万元，受灾人口5482人，转移人员10182人，倒塌房屋248间，农作物受灾面积4567.4公顷，农作物绝收面积423.1公顷，粮食减收8180.8吨，死亡大牲畜42头，水产养殖损失面积644.8公顷，堤防损坏17处945米，堤防决口4处50米，冲毁塘坝33座，灌溉设施损坏215处，水电站损坏3座，公路中断12条次，路基毁坏7.9498千米。其中水利设施直接经济损失905万元，农林牧渔业直接经济损失5749.55万元，工业交通运输业直接经济损失574.118万元。

2006年7月25—26日，受0605号热带风暴"格美"影响，全市直接经济损失3239.49万元，受灾人口3139人，倒塌房屋95间，农作物受灾面积2.931千公顷，农作物成灾面积1049.5公顷，农作物绝收面积101.3公顷，粮食减收4291吨，水产养殖损失面积81公顷，堤防损坏2处200米，冲毁塘坝12座，护岸损坏15处，灌溉设施损坏24处，机电眼损坏10眼，公路中断16条次，路基毁坏26.33千米，输电线路损坏800米。其中水利设施直接经济损失160.4万元，农林牧渔业直接经济损失2461.16万元，工业交通运输业直接经济损失523.1万元。

2007年第9号超强台风"圣帕"（SEPAT）于2007年8月13日2时在菲律宾以东洋面上生成，18日5时40分在台湾花莲登陆，11时左右穿过台湾岛进入台湾海峡，强度减弱为强台风；强台风在穿过台湾海峡过程中，强度逐渐减弱，速度也逐渐减小，于19日02时登陆惠安时已减弱为台风，近中心最大风力12级，其结构已变为较松散，但其庞大的降水云团给厦门带来了充沛的雨水，其中岛内的雨量大于岛外，黄厝一带达407毫米。受"圣帕"影响，18日厦门机场取消了116次航班，厦金航线全天全线停航。

2008年受"凤凰"台风外围云系影响，7月29—30日厦门地区普降暴雨天气，过程雨量70～100毫米，其中岛内和北部地区雨量超过100毫米，西北部的小坪附近地区一带最多在160毫米以上；30日市区出现17.1米/秒的阵风。由于30日凌晨出现短历时强降雨，导致市区部分路段出现短时间积水，最长受淹50分钟，最深水淹达1米以上；几十户居民家中被淹，受灾人数100多人。

附录

雷暴大风、冰雹、强降雨、洪涝等

647年（唐贞观二十一年）八月，大风，海溢。

1246年（宋淳祐六年）洪水冲垮同安石盘坡。

1366年（元至正二十六年）七月丙辰，大雷雨，三秀山崩。

1465年（成化元年）自春徂夏，积雨连月，田庐禾稼多坏。

1485年（明成化二十一年）自三月至闰四月，连续降雨，山洪暴涨，漂荡房屋，冲毁农田，沿溪村落受灾更甚。

1543年（嘉靖二十二年）仁德里海丰埭被洪水冲决。

1547年（嘉靖二十六年）七月初九夜，大雨达旦，溪流泛涨，同安城不没者三版。

1558年（嘉靖三十七年）三月十三日，大雨雹，鸿渐山石坠。

1559年（嘉靖三十八年）夏，暴雨成灾，城垣多次浸塌。

1565年（嘉靖四十四年）三月二十七日，疾风雷雨，未时忽昏如夜，咫尺不辨，至申尽，乃稍开霁。

1581年（万历九年）五月初三，大雨如注，塌城舍溺人无数。

1597年（万历二十五年）正月初二，马巷、积善（现杏林）、翔风等里大雨雹，大者如鸡蛋，破瓦伤稼，澳头沿海一带尤甚，又有黑云一片，如簸箕大，自县中出南而去，所过屋瓦俱动，至刘五店尤甚。

1618年（万历四十六年）三月，大雨雹，大者如斗，崩城毁屋，压死二百余人。

1619年（万历四十七年）二月二十一日，雨雹大如碗如盘，击毙人畜甚多。

1620年（万历四十八年）三月二十一日卯刻，天色忽晦，有物从长泰之万丈潭起，大雨雹。随之，其一经邑之海丰、浔尾、下崎、马巷到香山，另一经豪岭、苎溪至西山，食顷乃止。雹大如盘，击毙人畜甚多，松柏皆去皮而枯。

1640年（崇祯十三年）正月初七夜，雨豆扁而细，或黑或黄，民有扫之盈升者。

1664年（清康熙三年）六月初六，暴风雨自晨至中，水骤涨，高丈余，同安城中市肆漂没，溺死者甚众，三昼夜乃退。

1668年（康熙七年）八月，洪水大发，漂没人居、禾苗。

1698年（康熙三十七年）四月二十八日夜，大雨如注，诸山多崩，

【219】

水涨数丈，船挂树梢，桥梁冲坏，西门城崩，漂没居民数千户，淹死千余人。

1707年（康熙四十六年）六月十一日夜，洪水大发，坏庐舍，莲花山崩，声如雷。

1710年（康熙四十九年）同安大水。

1713年（康熙五十二年）夏，大水。

1718年（康熙五十七年）七月，大水为灾，城不浸者三版，崩其两隅。

1733年（雍正十一年）六月二十二日，同安大雨如注，双溪水暴涨，东溪尤甚，死人从城堞流入，庐舍漂没无数，桥梁倾圮甚多。

1737年（乾隆二年）同安县城淹水，波及城郊。

1741年（乾隆六年）水灾，饥荒，金门荒。

1752年（乾隆十七年）七月初七夜，大风，初八夜大水，各沃海汊泊大小船有冲至陆地者，连抱大树俱拔，漂坏庐舍无数。

1754年（乾隆十九年）四月十八日，大水，玉峰、西源一带，溪多浮尸。闰四月初六，复大水，学署几淹。

1760年（乾隆二十五年）五月，同安大水，坏田庐。

1770年（乾隆三十五年）六月，同安，大水。

1780年（乾隆四十五年）六月二十八日，大水，县城训导署圮于水。

1781年（乾隆四十六年）五月十八日，大水，岁歉。

1790年（乾隆五十五年）六月，大水。

1792年（乾隆五十七年）七月，大水为灾，城不浸者三版。同年感化里五峰、沃内禾苗变葱，不结实。

1794年（乾隆五十九年）八月，大水，坏田庐。越年米腾贵，斗米八百文，民多流殍。

1799年（嘉庆四年）四月初十夜大雨如注，交鼠尾卷风，双溪水涨，几浸城版，至十一日巳刻水始退，坏庐舍，漂人畜无数，桥梁多损，百岁老人未尝睹。

1819年（嘉庆二十四年）四月，同安、金门大雨雹。

1822年（道光二年）三月，金门大雨。

1826年（道光六年）十二月初八，大风灾，饥荒，斗米八百文，准开海禁。

1831年（道光十一年）九月，金门九月秋涛，坏堤田。

附录

1832年（道光十二年）八月，风灾，十二月饥荒。

1851年（咸丰元年）九月，水灾。

1853年（咸丰三年）六月，同安县大水，奉诏抚恤。

1859年（咸丰九年）金门海水溢。

1875年（光绪元年）六月，大风，后溪等堤决口，屋内水位一米多深，树剩几棵，人死无数。

1893年（光绪十九年）八月初一日夜，同安大风，拔树甚多，海滨货船渔艇破者数十艘。初二日厦门大风，晚稻伤害。

1894年（光绪二十年）六月，同安大水为灾，城圮，西桥亦坏，人屋漂没无数，县署在洪水中毁坏，洪水淹至凤岗村大榕树下、西溪街屋脊。

1902年（光绪二十八年）同安，大雨，水灾，庐舍倾没无数。

1903年（光绪二十九年）洪水，城墙坍崩，崇圣桐在洪水中塌倒。

1911年（宣统三年）正月初一，大雷雨，教谕署、训导署毁坏。

1912年（民国元年）正月初九，大雨雹，雹大如卵，埔尾至路岭、白帆岭一带，屋瓦均毁。

1916年（民国5年）四月初一，大雨，鸿渐山阴崩一角。

1918年（民国7年）六月暴雨成灾，城垣多处塌毁。

1920年（民国9年）六月初一起，厦门连续大风不止。

1924年（民国13年）六月，大水，后溪、许庄作物淹，冲走过溪一人。

1933年（民国二十二年）二月，江头、禾山涨水，桥路冲垮。

1935年（民国二十四年）同安水灾，山洪骤发，城区各处成泽国，水深七八尺，一、二、五区倒房40余座，死10多人。

1936年（民国25年）七月十六日，大水，后溪等地，水淹三米高。

1947年（民国36年）七月，暴雨，灌口山洪暴发，堤岸冲垮。

1948年（民国37年）六月十三至十七日，暴雨成灾。

1958年7月28日，大暴雨，9—10时，同安城关降雨62毫米，东溪街水深一人多高，受淹农田6000余亩，冲毁水利设施1930处，福厦公路冲毁多处，死1人，伤10人。中山公园南门一带成泽国，用小舟抢险渡人。

1959年2月4日，冰雹最大直径6厘米，莲花后埔村有屋梁被压断，同安巷东锄山松树被折断甚多。

1961年3月20日下午，汀溪乡褒美、路岭一带降冰雹。小麦、蔬菜及树木被毁坏甚多，麻雀也被击死很多。

1961年4月5日，同安城关下冰雹，最大粒径6厘米。

1966年6月中下旬，连续降雨16天，总雨量300多毫米，低洼地带被淹，苧溪水涨，6月12日后溪、许庄溪底万斤石头被水冲走。

1967年6月6日龙卷风，同安琼头海面突然天昏地暗，狂风暴雨，大船被卷上岸，大树刮倒不少。

1971年6月8日，降雨265.3毫米，市区将军祠、文灶、梧村、双涵洪水泛滥，损失7.5万元，损失粮食650多万千克。

1972年4月22—23日，大暴雨，同安巷东降雨372毫米，西林溪骤涨，溪尾村平地水深2米，死1人，倒塌房屋239间，受灾水稻、花生4.2万亩，受淹盐田4.86万亩，冲毁海堤791处、水利设施388处、公路桥梁28处。

1972年6月5日，降雨167.3毫米，受淹农田20万亩。

1973年4月1日23时左右，同安莲花西北部、新民南半部、西柯沿海下冰雹，密度大，小如花生，大达4千克重，大多如鸡蛋大小，所过之处，房屋瓦片30%被击破。

1973年4月11日，祥桥、西柯、新店、内厝等乡镇下冰雹，伴随大风暴雨，最大风力12级，所过之处飞瓦走木，倒塌房屋2928间，受灾农作物1.3万亩。

1973年4月22日晚，暴雨成灾，同安新店降雨379毫米，市区218毫米，死4人，作物被淹，巷东垮6座小坝，堤岸缺口。市区不少工厂商店受淹，房屋倒塌，马路冲坏。

1975年8月3日，降雨167毫米，海沧公社淹田3000亩。

1976年7月7日下午4时30分，龙卷风，自同安祥侨乡禾山刘塘村，终于同安钟金湖山，龙卷风中心直径约100～200米，沿途飞瓦拔木，损坏房屋71间，拔掉龙眼树79棵，其中有两棵直径50厘米的榕树和直径40厘米的龙眼树被龙卷风卷走10～20米远。

1979年4月2日，厦门、同安受强飑线影响。所谓飑线，就是突然发作的强风，持续时间短促。出现时瞬间风速突增，风向突变，气象要素随之亦有剧烈变化，常伴随雷雨出现。它的长度一般为100～200千米，宽度则不到1千米。当飑线过境时，风向突变，风速剧增，伴有雷暴和暴雨，甚至有冰雹或龙卷风等灾害性天气出现。

1984年4月5日，上午9时10分至16分，厦门、同安出现飑线，最大风力12级，顷刻暴雨如注，鼓浪屿同时下了冰雹。

1984年6月10日14—17时，同安县汀溪公社突降暴雨，100分钟降雨200

毫米，经济损失2万多元。

1985年7月8日，暴雨如注，同安城关5个多小时降雨168毫米，城关进水，十字街水深30厘米，死2人，受淹水稻、花生1万多亩，倒塌房屋64间，冲毁水利设施64处。

1986年4月15日4时，同安莲花乡尾林村下冰雹，最大重达7.5千克，全村屋瓦全被击毁，稻苗、茶园、山林也损失严重。

1987年8月8日傍晚，飑线从同安县东南部经过，风力10级，刮倒大部分甘蔗。8月31日15时到16时30分，同安县莲花乡蔗内村暴雨量138毫米，冲垮6座水坝、1座石拱桥。

1988年9月21—24日，同安县平均降雨304毫米，全县受淹农田3.3万亩，冲毁水利设施355处，直接经济损失100多万元。

1989年9月22—23日，市区暴雨255毫米，同安降雨410毫米，受灾乡镇10个，受淹农田9.73万亩，损毁水利设施423处，经济损失1100万元。

1990年5月3日15时左右，龙卷风自同安新店镇洪前村起，到前塘止，所经之处，飞瓦拔树，前边社公路2棵直径40厘米的木麻黄被连根拔起，卷倒水泥杆2根。

1995年6月9日厦门普降大暴雨，农作物受淹70公顷，房屋倒塌7间，共计直接经济损失72.1万元。

1997年5月6—8日，受暴雨袭击，最大过程雨量584.1毫米，受灾8个镇1.4万人，受灾作物12.23万亩，损毁水利工程491处，直接经济损失1.065亿元。

2000年6月17—19日，厦门市遭遇暴雨袭击，暴雨持续44个小时。全市最大过程雨量达531.6毫米，其中厦门岛17日20时至18日20时降雨量高达315.7毫米，突破厦门自1892年有气象观测记录以来的日最大降雨量，降雨强度百年一遇。强降雨导致低洼地带最大积水深达70厘米。全市7个区15个镇175832人受灾，倒塌房屋47间，3人死亡，受灾作物58095亩，直接经济损失达5989万元。

2002年12月19日下午4~5时，同安、集美、杏林、高崎、湖里、东孚等处突降冰雹，冰雹直径约5~10毫米，最长持续时间达10分钟以上；部分农作物受损严重，对民航也造成一定影响，4个航班备降长乐机场。

2006年5月22—24日厦门各地连续三天普降暴雨或大到暴雨，导致2072人受灾，倒塌房屋3间，共造成直接经济损失5756万元。

2007年6月5—10日，厦门连续6天普降大雨到大暴雨，造成了低洼处的道路、农田、房屋、仓库等大面积严重受淹，许多地势较低的道路水深达1米多，严重影响了交通。导致2155人受灾，倒塌房屋109间，农作物受淹857公顷，共造成直接经济损失2340万元。

2007年8月受低涡切变影响，15—16日厦门普降暴雨到大暴雨，转移危房户及地质灾害点附近群众1897人，仅同安区就有5635亩农田受淹，全市共计直接经济损失达251万元。

2008年5月9日下午3时左右厦门地区出现雷雨大风等强对流天气，同安西柯镇伴有冰雹，导致从澳门、三亚、武汉、长沙等地飞往厦门的15个航班分别备降到福州、汕头机场，延误航班31架次。

2008年6月13—14日连续2天出现暴雨或大暴雨，农业、公路、水利设施、电力及房屋等均遭受不同程度损失。由于高强度、大范围的强降雨致使部分道路积水，近70处低洼地带受淹，最大受淹水深近2米，导致全市11539人受灾，伤1人；房屋倒塌205间；农业物受灾面积2693.9公顷，成灾面积1084.8公顷，绝收面积501.6公顷，其中粮食作物成灾面积580.7公顷，绝收面积197.1公顷；水产损失面积102公顷；损坏小型水库2座；毁坏路基34.47千米；损坏输电线路1千米；9处山体局部塌方或滑坡；共计直接经济损失8783.981万元。

雷灾

1961年3月20日下午，汀溪乡褒美、路岭一带忽然天昏地暗，顷刻降下冰雹，伴有雷暴雨。小麦、蔬菜作物及树木被毁坏甚多，麻雀也被击死很多。

1973年3月29日5时左右，西柯公社友谊大队第四生产队管水员在田里排水时遭雷击死亡。

1973年4月1日23时左右，同安莲花西北部、新民南半部、西柯沿海下冰雹，并伴有雷暴雨。冰雹密度大，小的有花生粒大，大的1粒4千米重，一般有鸡蛋大，所过之处，屋顶瓦片30%被击破。五显公社美塘村大队第十生产队一农妇和2个小孩在房间睡觉遭雷击死亡。屋顶被击穿一个洞。

1973年4月11日16时35分，同安新民、西柯、新店、内厝等乡镇大冰雹，伴有大风、暴雨，最大风力近12级，所经之处，飞瓦拔树，倒塌房屋2928间，受灾农作物1.3万亩。

1978年6月18日18时左右，溪东水库附近5人遭雷击伤。

附录

1984年4月5日，受飑线影响，市郊区出现大风，瞬间极大风速达每秒45.6米/秒，雷暴、冰雹达5分钟。

1986年4月5日4时，同安莲花乡的尾林村下冰雹，最大1粒重7.5千克，顷刻暴雨如注，全村屋瓦尽被击破，稻苗、茶园、山林损失严重。

1986年6月3日，祥桥乡淡溪村宫巴生产队叶水德和上辽生产队徐王慰等5人在野外劳动，遭雷击死亡。

1990年3月31日上午9时左右，西柯乡瑶头村一农民在田间劳动，遭雷击死亡。

2007年6月5日，翔安区出现强雷暴，霞美村和后莲村附近一带发生了较大雷击事件，据厦门市防雷中心不完全统计，共有电视机51台，电扇、VCD机、计算机、空气开关等家用电器多台遭击受损。

2008年6月12日中午12时左右，厦门地区出现强雷雨，鼓浪屿海坛路一带部分居民电视、电话、电脑遭受不同程度的雷击，最严重的一居民住宅房内的4台电视、2台电话、2台电脑均遭受不同程度的损坏。

2008年6月30日同安汀溪隘头村一村民在路上遭受雷击死亡。

大雾

1956年3月，海雾6次。

1973年2月，海雾7次，4月海雾7次，皆大雾，白天看不清十几步远的物体，夜间伸手不见五指，海上作业困难，出海船只有的搁浅，有的迷失方向，有的撞船。

2004年2月19日，受西南暖湿气流影响，闽南沿海和台湾海峡南部部分海域出现特大海雾，对海上和陆地交通产生了严重的影响。厦门各地受大雾影响的程度各不相同，海边出现浓雾，靠内陆地区则只有轻雾。厦鼓轮船交通受到严重影响，浓雾持续了整整一天，造成厦鼓轮渡停航一天，几千人滞留在厦鼓两岸。

2005年2月15日夜里至16日上午台湾海峡及其西岸地区出现海雾天气。致使厦门机场大量航班延误或取消，进港航班全部备降外地机场；也影响了海上航运，厦金航线停航一天，厦鼓轮渡停航近10个小时。

2007年3月25日清晨到中午，台湾海峡及其西岸地区出现了海雾天气，8时左右厦门岛内能见度一度降至100米，厦金航线大部分出入境航班延误，大量旅客滞留在两岸码头。3月27日9—18时台湾海峡及其西岸地区再次出现海雾天气，严重影响海上交通，厦门至嵩屿、环鼓浪屿、海上看金门等航线全天停航；尤其是11时左右暖湿空气加强，能见度迅速下降，下午厦门市区的能见度持续在100米左右，严重影响了道路交通，导致追尾车祸频发，所幸的是当时车速较慢，未出现人员伤亡；16时厦金航线也被迫停航，当日该航线只有3进1出4个航班，较平日10进10出20个航班减少了16个班次。

2008年1月中旬初受较强暖湿气流的影响，华东地区出现了大范围的大雾天气，11日和12日厦门市区和沿海一带均出现短时能见度低于100米的大雾。此次大雾过程给厦门市的交通造成较大影响，据《厦门晚报》报道：10日14时至11日12时，厦金航线所有航班被迫取消、全线停航，直至11日中午左右，海上大雾才逐渐消退，于中午12时复航；10—11日厦门机场取消航班15架次，延误航班71架次；11日仅6—9时，共接到54起交通事故的报警，较往日同期增多了25%左右。

2008年2月25日夜间至26日中午，受海雾影响，厦门市区和沿海一带能见度两度降到100米左右，严重影响了交通，导致厦门至嵩屿、环鼓浪屿、海上看金门等航线及厦金航线停航，大量旅客滞留两岸码头。26日8时厦门机场因能见度过低，不够飞行标准，以致8：30至9：00期间，厦门机场出港的航班受到延误；2个航班备降晋江和福州机场。

冻害

1957年3月12—16日，倒春寒，烂秧苗甚多。

1967年1月17日，重霜，越冬甘薯苗全部冻死。

1967年12月28—30日，连续3天日平均气温低于10℃，最低气温0.1℃，出现霜和结冰，香蕉受冻害2000多亩，菠萝2400亩，龙眼3000亩。

1970年3月11—15日，倒春寒，烂秧苗甚多。仅马巷公社桐梓大队就烂掉谷种2000多斤。

1976年1月17日下霜，冬地瓜和地瓜苗全被冻死，受冻害果树8247亩。

1987年4月12日，倒春寒，受冻早稻1.5万亩、花生0.5万亩，小麦减产，荔枝减少一半产量。

1991年12月29日，受北方冷空气南下影响，厦门出现严重霜冻灾害。

2005年惊蛰节气过后，3月12—15日厦门市普遍出现了"倒春寒"天气，强冷空气于2005年3月12日晚开始影响，造成连续4天日平均气温低于

12℃的阴雨天气,极端最低气温达4.5℃,出现在3月13日,岛外2~4℃,局部0~2℃,并出现霜冻。这次低温阴雨出现在春播春耕大忙时节,对育秧育苗、农作物的生长和水产养殖有严重的影响。

附录二：厦门气象起源与气象机构

厦门气象起源

我国早在3000多年以前就有挂板与"占卜"天气的记载，民间广泛流传着许多关于看天方面的经验，是我国古老文化遗产的一个重要的组成部分，由于时代的局限性，这些原始的气象观测和预报方法没有形成科学体系被有效使用。

17世纪以后，各国科学家先后发明了测风仪、温度表、气压表等气象仪器创造了天气预报方法。

世界近代气象最早进入我国是1743年，法国在北京和上海设立"测候所"，后称"气象台"，都是以教会的形式创办的。

近代气象事业活动在厦门的起始，有着自己独有的特色。主要是由厦门所处的地理位置决定的。厦门位于我国东南沿海，是岛屿城市，港口航运、贸易往来、炮舰战争都需要气象保障。1394年厦门筑城以后，逐渐开拓成为商港，邻近的漳州、泉州、同安等地都要从厦门关口出洋，北上宁波、天津、朝鲜、日本，南下广东、暹罗、吕宋诸岛，东去澎湖、台湾。各路港口海道风力、风向等气象要素都制约着海运，关系到航程的安危及贸易的成败。

附录

据统计,从1366年起,以后大约六百年的时间,厦门地区遭受各种天气灾害429次,其中风灾86次,占20%,多数是飓风,沿海居民死伤无数,船舶损失惨重。

历史上最早记载的较大风灾是1903年的农历八月初五:"飓风大作,潮涌数丈,沿海民居埭田,淹没甚众,船有泊于庭院者。"

近代最大的一次是1917年9月12日的飓风"风力之猛,使两千吨的日本轮船从曾厝垵刮到屿仔尾,渔船上直径2寸的马尼拉油绳吹断,在港船只撞坏舢板九百,驳船两百艘,渔船三十艘,民船二十余艘,死千人,同时海水暴涨上岸,淹倒民房,摧折大树,财产损失尤重"。

人们从灾难中,意识到港口发展需要天气(气象)保障。因此,在厦门民间有了看天经验,厦门人民在与各种天气现象打交道中,逐渐积累和丰富起"看天占变"的经验,并在民间广泛流传。起初的认识是对潮汐规律的掌握,然而潮汐是受到各种气象要素的影响,而且它们之间也是相互影响作用,因而延伸到根据不同的风向、天空色彩、云彩形状、日月星光,出现的晕、珥、虹、雾以及雷电和欲裂、潮水的反常等现象,预测风雨来临的时间和强度,不过这些气象预测都是靠目测和经验。

经过长期的天气观测,人们发现了四季变化的规律,逐渐开始利用这些基本的气候规律来保障自身的安全。

在明初的兵制里就提出:"防海以三、四、五为大汛,九、十月为小汛,盖倭从东北入寇福建,明清后风多东北,且积久不变,五月则风自南来,重阳后有东北风,至十月则风自西北来,故设防以风为准。"

对海上航行则指导:"厦门洋船出口,在腊近春初,乘北风南下,明年秋初,乘南风回棹,风讯延期不及回棹者曰压冬,再挨来年来年南风时始可回复,亦有漂收广东就地发卖者"

明朝督兵防倭于海上还专门作了《戚继光风涛歌》,把天色、光象、云雾、风向、海象等与一年中各个季节的变化,每个月的天气特点编成歌谣,教会每个军士背诵,可见人们当时对"气象"的重要性已有相当的认识。

明末清初,在每艘商船、战舰上就配备了一名"观风向"的编制士兵,谓之"有占风望问者,缘逢绳而上,登眺盘旋,了无怖畏,名曰亚班,亦曰斗手"。负责监测天气变化。

这些是厦门气象早期的雏形,也就是萌芽形成时期,没有专门的测量仪器,没有专门的组织机构,主要靠目测经验总结预测天气,占卜天气变化。

　　17世纪是厦门的进出口贸易的鼎盛时期,继西班牙、葡萄牙之后,英国、荷兰人纷纷先后进入厦门港。1684年清朝政府在厦门市区中心的小山坡的"江夏堂"设立了闽海关监督府,当时的夷人在海舶上有察天者以玻璃筒二式如笔管,长一尺余,内实水银置之,匣中旁书西洋字,其水银自能升降,大约晴明则降,阴晦则开,惟视升降处三字低,察字以知风雨晴晦,这是最早的一些气象仪器。

　　1843年厦门辟为通商口岸,1862年成立厦门新关,关址由"江夏堂"迁至厦门市区西南偏西海边。1868年海关设立船钞部门,负责灯塔、灯船浮标和信标的建筑、设置和保养,引水的管理,同时建立测候站,为航船提供气象情报,厦门近代气象诞生。

厦门气象机构

1. 早期近代气象机构

　　1868年,英国人的理船厅海务处灯塔司的外勤人员兼职开始简易的水文气象观测并在厦门市区西南方制高点海拔129.4米的白鹿洞山上建立升旗台,为船只进出悬挂旗号,1877年迁到鼓浪屿东侧海拔54米的升旗山,扩大业务范围兼发台风消息。

　　1879(清光绪五年)清末海关先后在福建沿海口岸、岛屿设立9个海关测候所,其中岛屿测候所设在灯塔内(青屿、乌邱屿、东犬、北碇、牛山、东碇、三都澳);1880年,设立福州、厦门海关测候所。

　　海关气象观测站分为两种,一是海关测候所,即在海关口岸开展气象观测;另一类是灯塔/灯船观测站,一些重要港口、海岛上的灯塔、灯船不仅用于指导航运安全,同时也兼顾进行气象观测工作。

　　牛山岛灯塔(隶属厦门关,1879.8—1941.11)

　　厦门(1880.1—1944.3)

　　东犬岛灯塔(隶属厦门关,1880.1—1943.6)

　　乌丘屿灯塔(隶属厦门关,1880.1—1943.5)

　　东碇岛灯塔(隶属厦门关,1880.1—1943.7)

　　青屿灯塔(隶属厦门关,1880.1—1922.8)

　　东涌岛灯塔(东引岛,隶属厦门关,1880.1—1943.7,注:现存档的

记录从1905.1 开始）

北碇岛灯塔（隶属厦门关，1882.10—1943.7）

厦门海关气象观测站工作主要依据海关总署于1905年颁发的指导性文件《气象工作须知》，海关气象观测主要观测项目有气压、气温、雨量、风向风力、云状、天气状况及海浪，并向上海徐家汇观象台发送气象电报。

1925年10月，厦门大学因教学需要设立气象台，是福建自办最早的气象机构。

考察一个地方的气候现象，最权威的资料当然是专业气象机构的记录。清光绪六年（1880年），由外国人控制的厦门海关为了业务的需要，在厦门设立了测候所，这是厦门最早的气象观测机构。1948年4月，在原厦门海关测候所的基础上，成立厦门测候所。

在20世纪20年代，厦门海军曾成立气象台，台长为方均（系中国海军自己培养出来的第一代气象专家）。

1938年5月13日，日本侵占厦门，1942年后，日军在厦门设立机场，因日军航空气象保障及军需服务等需要，日本军在厦门等地设立了气象观测站。

1946年在厦门大学理工学院增设海洋系并设立海洋观测站，在海洋系组织规程中明确规定了海洋观测的职责：派人专责观测每日潮汐、测量海洋变化二次，全年长期工作不间断。

据1948年6月30日《厦大校刊》第三卷报道："海洋学系自本学期起已请中国航空公司气象台台长胡继勤先生为气象学兼任讲师，于教学之外，已率领学生到本校附小福建省厦门测候所实习。兹闻海军部厦门气象台亦已设立，台址即在本校前面之海军电台内，将来该系学生气象学之实习又多一便利云。"

1950年9月水文气象从海关分出移交给港务局，仪器迁至鼓浪屿升旗山，一直观测到1955年底。

2. 民国时期气象机构

1930年（民国19年）十月，厦门大学因教学需要在校园内设气象台，1932年（民国20年）开始观测，1937年（民国26年）抗日战争爆发，学校内迁长汀，同年4月30日，厦大气象台关闭。

1945年（民国34年）中美特种技术合作所派员来闽，在厦门建立一等气象站，1946年（民国35年）气象站改属国防部二厅管辖，1947年六月

（民国三十六年）移交民国政府中央气象局管理。

1946年（民国35年）十月，福建省建设厅气象局在厦门市区西北偏北方向（北纬24°27′，东经118°02′，海拔23.4米）的美头山设立测候所，为三等测候所。

1946年（民国35年）福建省建设厅气象局局长石延汉批复厦门建观测所文件中计增设厦门测候所理由及经过：

查厦门位居闽省经济一大重心，地据海内外交通枢纽兼处国防前线际，兹复员建设之始对于耕种制度之改造农林产品之良渔，盐之增产、航行之安全，内河水利之兴革，工程之建筑等事业亟待进展，无意不赖气象情报为方针以决定去取，是故厦门测候所之设立未容式缓，本局有鉴及经调派技师杨在坦前往厦门勘测厦门观测所址并呈报在案，旋托台湾气象局代购得仪器多件且有本局工厂制造雨量筒、日照计等仪器备用。负责人拟就本局原有名额内调用按本局一等测候所所需人数派充。预计开办费最低需五十万元。

1947年（民国36年）六月，民国政府中央气象局接收了国防部二厅的气象台站后，全国气象台站分区管理，福建、台湾同属闽台区，该区台设在厦门，

台址在厦门市区大同路19号，为乙种站，台长陈云基。

1947年（民国36年）抗战结束后，福建省建省厅气象局奉中央气象局电令接受东南各省敌伪气象机构，经派员至金厦调查接收。旋据报告"台人津洋一在金门沦陷内于莲河盐场西围场所所内设立气象机构，遗有雨量筒蒸发皿干湿球温度表各一具，经由福建盐务管理局接受等情嗣函福建盐务管理局将前项仪器移交本局（福建省建省厅气象局）接受，时蒸发皿底凹凸不平雨量筒口径不符合标准均不堪应用"。

1948年（民国37年）厦门测候所主任施纯普致电福建省建设厅气象局申请迁址到厦门钟楼边，福建省建设厅气象局呈福建省政府，省府批示厦门市政府拨让厦门钟楼边。（文中"该楼地势高危，四周空旷，又系层高楼，各层面积约达丈方体式，如气象台为全市最高建筑，瞭望四方，对日照风向及能见度等均无阻碍，且四周围尚有平坦空地可供观测坪用，颇为适合，设所条件又对时政推行亦可利用，上层警钟向外授时，统一管理，兹为求业务迅速开展"。）

3. 新中国成立后的气象机构

1950年4月27日,华东军区司令部航空处命令张元明率领25位同志来福建,拟先建立福州、厦门、建瓯气象站,配合空军解放金门、台湾。

厦门气象区台解放后中国人民解放军接管后与厦门测候所合并,改为华东空军厦门气象站,观测到1953年底,其中1950年6—10月临时移到厦门市区白鹤路6号楼房顶观测。

1952年8月23日华东军区气象处所属福建军区情报处气象科派出以林永章为站长共5人的第一批陆军气象人员到厦门岛设立气象站,站址在厦门市鼓浪屿复兴路75号,位于岛上的东南方海边的升旗山上,9月8日建成开始观测预报工作,承担国家一类台站任务,该站为厦门气象局的前身。

1953年10月25日,根据福建省人民政府主席张鼎丞和中国人民解放军福建军区司令员叶飞的命令,即《关于气象台站转移建制的规定》,厦门建立甲种气象预报站,由原三十一军代管,转建后由厦门市政府代管。

1954年1月1日,根据中央人民政府政务院人民革命军事委员会联合命令和福建省人民政府、中国人民解放军福建军区联合命令全国陆地气象台站由军队建制转为政府建制,厦门气象站更名为厦门气象台,厦门气象台归福建省人民政府、福建省气象科领导,委托厦门市人民政府、交通部航营局代管。

1955年10月1日,同安县气象站建立,为国家一般站。

1958年4月20日福建省气象局纳入省农业厅领导,到1961年8月又分出归省人民政府领导。以上几年中虽然省级关系有过变动,但厦门气象台从转建地方以后都属省气象局直线领导,当地代管关系也没有变动。

1958年3月27日,成立厦门中心气象站,两块牌子,一套人马。

1958年9月15日,中国气象局决定扩建厦门气象台为福建省气象局海洋水文气象台,负责建设和管理福建省沿海的水文气象站。

1959年5月,撤销厦门中心气象站。

1960年中国人民解放军航保部管理的"东海舰队厦门海测组"转入厦门海洋水文气象台,成为气象台里的海洋组。

1961年5月。福建省农业厅气象局海洋水文气象台更名为福建省气象局海洋水文气象台。

1964年当地关系转为厦门市人委机关代管。

1966年3月10日更名为厦门气象台。

1966年7月1日，厦门气象台海洋组划归国家海洋局东海分局，成立厦门中心海洋站。

1968年全国气象系统体制下放到当地政府部门，福建省厦门市气象服务台归厦门市革委会直政组领导，省气象局只负责业务方面的管理。

1970年12月1日，根据《中国人民解放军福州军区、福建省革命委员会关于气象部门归属省军区为主领导的通知》，厦门市气象台划归厦门军分区为主领导，各县气象站划归县武装部为主领导。

1971年管理体制改为军队与地方双重领导，以军队领导为主，厦门市军管会派台长、教导员等干部来福建省厦门市气象服务台实行军管。

1972年7月，福建省厦门市气象服务台改为福建省厦门市气象台。1974年11月军代表撤离福建省厦门市气象台转为厦门市革委会农业局领导。

，1979年9月4日，厦门市革命委员会同意厦门市气象台恢复"文革"前的体制，为局一级机构，属于市管，归市农林水口领导。

1979年12月5日，厦门气象台迁至厦门市偏西方东渡狐尾山上。

1980年9月13日，根据福建省人民政府《关于贯彻国务院[1980]130号文件的通知》，省气象部门改为以部门为主的双重领导，福建省厦门市气象台为省气象局的派出机构，政治思想、党团行政、生活管理由地方党政领导部门负责，具体由市农委领导。

1981年3月6日，省气象局批准厦门市气象台机构设置为人事秘书科、预报科、观测科、通讯科。

1984年11月18日，省气象局同意成立厦门气象服务中心。

1987年5月10日，根据省局文件精神，成立厦门市气象台办公室和人事科，撤销人秘科。

1989年厦门气象台更名为厦门市气象局。

1989年1月18日，经福建省气象局批准，成立福建省厦门市气象局，与福建省厦门市气象台实行局台合一、一个机构两块牌子的运作方式。同年4月1日，以同样方式成立福建省同安县气象局。

1990年10月3日，厦门市气象局实行计划单列。

1991年1月21日，福建省气象局报请国家气象局同意，批准厦门市气象局计划单列后机构下设三个职能处室、一个气象台，设置为办公室、人事政工处、计划财务装备处、市气象台（兼业务管理），下辖同安县气象局。

1994年12月22日，中共厦门市委批准设立中共厦门市气象局党组。

附录

　　1996年2月14日，中国气象局同意厦门市海洋气象台挂牌，在厦门市气象台基础上扩建，与厦门市气象台实行"一个机构、两块牌子"的形式运行。

　　1996年9月4日，厦门市避雷监测技术中心经市编委批准成立，为全民事业单位。

　　1997年7月2日，厦门市气象局升格为副司级单位，内设机构为处级。

　　1997年7月7日，福建省同安县气象局改名为厦门市同安区气象局。

　　1998年1月5日省气象局批准厦门市气象局机关设置为办公室、人事政工处（与党组纪检组、监察审计处合署办公）、计划财务处、业务科教处、产业装备处，直属事业单位为厦门市气象台、厦门市海洋气象台、厦门市专业气象台、厦门市避雷监测技术中心，市局管辖同安区气象局。

　　2000年11月11日，中国气象局党组明确厦门市气象局局级干部由中国气象局党组管理。

　　2008年3月18日，中国气象局党组通知，厦门市气象局副局级干部改为福建省气象局党组管理。

2009年会厦门市气象工作会议合影

【后记】

　　随着海峡西岸建设的全面提速,作为海峡西岸重要港口风景城市的厦门,肩负着"先行先试"的重大而艰巨的历史使命。"生态厦门"、"平安厦门"、"科技厦门"已成为新世纪厦门社会发展的重要战略目标。作为政府公共服务重要组成部分的厦门气象事业,必须紧紧围绕厦门经济建设、社会发展、人民安居乐业等方面,在应对气候变化、有效防御气象灾害、服务民生和促进海峡两岸气象科技交流合作等方面作出更大贡献。为了做好以上工作,需要回顾历史、记录当代,需要整理和保护前人的智慧与成果,需要系统总结厦门(包括原同安县)观天活动的经验与教训,需要继承和弘扬先辈的拼搏奋斗、严谨科学的精神,需要承传和遵循"人与自然"和谐相处的理念。

　　基于以上述大背景和需求,《厦门气象今昔》的编写出版显得尤为紧迫。

　　本书从选题的提出、书稿提纲的拟定与论证,到资料的收集、史实的考证、编写任务的分工,到书稿框架的成型、初稿的"出炉",前后时间不足九个月,时间紧、任务重、要求高。厦门市气象局高度重视,市气象局范新强局长任《厦门气象今昔》编委会主任;组织配备强有力的、以市气象局专家为骨干的编写小组;厦门市著名文史专家洪卜仁担任主编并全过程跟踪、指导;福建省气象局、江苏省气象局为由洪卜仁先生带领的书稿编写小组到福州、泉州、南京等地收集、考证历史资料,给予大力帮助;本书稿的初稿编辑与统稿,由苏鸿明负责并默默付出了大量心血;帅红、吕文惠为书稿资料的收集、历史资料的考证多处奔波,并参与编写以及照片的提供和整理做了大量工作;郑美秀负责"厦门气候"、"厦门主要敏感行业气象需求评估"和"农业气候资源、农业气象灾害等"的编写;苏明胜负责"人工增雨"、"厦门气象哨"的编写;张立多负责"厦门气象服务海峡两岸"、"厦门主要灾害性天气与气候概述"的编写;吴智辉负责"闽南气象谚语"收集编译;郑礼新负责"厦门气候预测与评估"的编写;苏明峰负责"厦门气候变化业务及政府应对行动"、"厦门近五十年气候变化事实"的编写;何歆负责编写"地质灾害及业务";王美娜负责编写"气象灾害的公共管理"等;厦门机场气象台朱善信负责"厦门航空气象"的编写;厦门海洋职业学院钟慧萍负责"厦门中高等气象教育"的编写;周学鸣、魏锦成、卢海新、陈艳、叶慧红、潘锦功等参与部分工作;曾智聪负责雷电灾害的编写;樊坚绪提供了丰富而珍贵的历史资料和线索,照片部分老同志樊坚绪、吴英、杨影清、蒙茂芳提供了大量珍贵的历史照片,林秀斌、帅红提供了大批近现代照片,厦门市气象局诸位前任、现任领导(杨维生、陈如能、李尚志、陈仲、蔡诗树、刘瑞文、林秀斌等)为本书的编写奉献智慧并给予大力支持。

非常有幸的是,本书在编写过程中,一直得到了厦门市政协领导和市政协文史委领导、专家的高度重视和大力支持;得到了福建省气象局领导和专家的指导与帮助;得到了福建省档案馆(局)、福建省图书馆、福建省历史研究所徐晓望所长、气象出版社陈云峰总编、福建省气候中心(福建气象档案馆)、厦门大学图书馆、厦门市图书馆、中国第二历史档案馆和厦门方志办、同安区方志办等机构或专家的鼎力支持;得到了厦门市防汛办领导和同安区苏颂纪念馆、同安区文化局原局长颜立水、同安区气象局的密切配合。在此,谨致崇高的敬意和真挚的谢意!同时,还要感谢超星数字图书馆、南京信息工程大学的真诚帮助与支持。最令编写者感动的是,本书的主编洪卜仁先生在80多岁高龄、刚动大手术出院仅一个月的情况下,就乐呵呵带领编辑组部分人员奔赴福州等地搜集资料,其忘我工作、严谨认真、淡薄名利、乐观向上、奉献社会的品格与精神,让我们震撼与汗颜!

颇为遗憾的是,限于时间,对清末至新中国成立前的厦门气象事业活动,缺乏更广泛地收集资料,缺乏深入地甄别和研究史料,缺乏更详尽的描述;对"厦金两门"的气象活动史料缺乏深度收集与挖掘,对"厦金两门"相关相联的口岸气象活动缺乏研究和描述;对具有厦门特色的旧海关气象、海洋气象、航海气象等史料缺乏深度收集与描述；对为厦门近代、现代气象事业作出突出贡献的重要气象人物缺乏深度描述；对厦门"国家气象机构"以外的气象活动及史实，着墨太少。其缺憾与不足，是我们编者的改进和努力方向。

最后，需说明的是，本书所收集、分析的气象历史资料，截止时间为2008年底。本书是厦门气象人系统总结厦门气象活动（事业）的第一本出版物。由于各章节分别由不同作者撰写，统稿工作时间太仓促，所以书稿不同章节风格存在差异；由于考虑兼顾气象行业内外读者，所以内容及文字尽量保持通俗易懂。

由于缺乏编写经验、时间匆忙和限于水平，本书定有错误或遗漏之处。为此，诚挚期待前辈、专家、同仁的斧正，诚挚期盼在本书修订前能得到诸位的赐教或修改意见、补缺线索。

厦门市气象局　陈荣让
2009 年 12 月 29 日

图书在版编目(CIP)数据

厦门气象今昔/洪卜仁主编. —厦门:厦门大学出版社,2010.1
(厦门文史丛书)
ISBN 978-7-5615-2950-8

Ⅰ.厦…　Ⅱ.洪…　Ⅲ.气象-工作-概况-厦门市　Ⅳ.P468.257.3

中国版本图书馆 CIP 数据核字(2010)第 001904 号

厦门大学出版社出版发行
(地址:厦门市软件园二期望海路 39 号　邮编:361008)
http://www.xmupress.com
xmup@public.xm.fj.cn
厦门集大印刷厂印刷

2010 年 1 月第 1 版　2010 年 1 月第 1 次印刷
开本:787×1092　1/16　印张:16　插页:2
字数:285 千字　印数:1~3000 册
定价:40.00 元
本书如有印装质量问题请直接寄承印厂调换